LONGSTONE PUBLISHING

選擇不做普通人

魯蛇翻身術，運用十倍勝法則，透過行動力讓自己擺脫平凡

The 10X Rule: The Only Difference Between Success and Failure

葛蘭特・卡爾登（Grant Cardone） 著

凌 瑋 譯

久石文化事業有限公司　發行

國家圖書館出版品預行編目資料

選擇不做普通人：魯蛇翻身術，運用十倍勝法則，透過行動力讓自己擺脫平凡／葛蘭特・卡爾登（Grant Cardone）著；凌瑋譯. --初版-- 臺北市：
久石文化，2018.10〔民107〕
　面；公分. --Learning; 040)
譯自：The 10X Rule: The Only Difference Between Success and Failure
　ISBN 978-986-93764-6-4 (平裝)
　1. 職場成功法

494.35　　　　　　　　　107014674

Learning 040

選擇不做普通人：魯蛇翻身術，運用十倍勝法則，透過行動力讓自己擺脫平凡

作　者／葛蘭特・卡爾登（Grant Cardone）
譯　者／凌瑋
發行人／陳文龍
執　編／黃明偉
校　對／王秀萍
出版者／久石文化事業有限公司
地　址／台北市南京東路一段二十五號十樓之四
電　話／(02)25372498　　傳　真／(02)25374409
網　站／http://www.longstone.com.tw
E-mail／reader@longstone.com.tw
郵撥帳號／19916227　　戶　名／久石文化事業有限公司
總經銷／紅螞蟻圖書有限公司
電　話／02-27953656　　傳　真／(02)2795-4100
出版日期／2018年10月

Complex Chinese © 2018 by Longstone Publishing Co., Ltd.
The 10X Rule: The Only Difference Between Success and Failure by Grant Cardone
All rights reserved. This translation published under license with the original publisher John Wiley & Sons Inc.
No portion of this publication may be reproduced in any form or by any means, electronic, mechanical, photocopying, scanning or otherwise, without written permission of the publisher. Printed in Taiwan
Printed in Taiwan

定價320元　　　　　　　　　　ISBN：978-986-93764-6-4
有著作權，侵害必究　　本書如有缺頁、破損、裝訂錯誤，請寄回本公司更換

目 錄

引言　　007

第一章　什麼是十倍勝法則？　　011

第二章　十倍勝法則能改變什麼？　　025

第三章　什麼是成功？　　035

第四章　成功的責任在你　　041

第五章　源源不絕的成功　　049

第六章　做自己的主人　　057

第七章　行動的四個等級　　067

第八章　「普通」是失敗的配方　　85

第九章　十倍勝目標　　095

第十章　不要害怕競爭　　105

第十一章　跳脫中產階級的舒適圈　　115

第十二章　執迷不是一種疾病，而是天賦　　123

第十三章　全神貫注　　131

第十四章　走一條少人走的路　　139

第十五章　破釜沉舟的決心　　145

第十六章　恐懼是個重大指標　　151

第十七章　時間管理的迷思　　159

第十八章　別人的批評是成功的徵兆　　169

第十九章　客戶滿意度是個錯誤的目標　　175

第二十章　無所不在　　189

第二十一章　絕無藉口　　201

第二十二章　成功者具備什麼特質？　　207

第二十三章　開始實踐十倍勝法則　　245

引 言

你可能邊翻閱本書邊在想,「十倍勝法則」(10X Rule)到底是什麼?對我有什麼幫助?

「十倍勝法則」是渴望成功的終極目標。說真的,如果有什麼可以終結一切,代表一切——那就是「十倍勝法則」!「十倍勝法則」建立正確等級的行動和思維,倘若你在人生和事業上持續運用這些行動和思維,保證你能邁向成功人生。「十倍勝法則」甚至能幫助你戰勝恐懼,提升勇氣和自信,減少拖延和不確定性,給你一種使命感,使人生、夢想和目標重新定位。

「十倍勝法則」是所有表現傑出的人在他們最輝煌領域中採用的單一原則。無論你對成功的定義是什麼,本書將教導你如何使夢想成真,在任何財務情況下都可以,什麼夢想都行。首要之務是你必須把思維調整成十倍勝等級,行動量修正成十倍勝數量。我將告訴你,十倍勝思維與行動如何將生活變得更輕鬆有趣,讓你享有更多時間。花一輩子探討成功之後,我相

信,「十倍勝法則」是所有成功者都知道的元素,且運用這個法則創造他們夢想的生活。

「十倍勝法則」會告訴你如何定義正確的目標,準確估計必須投入的努力,分辨該用什麼心態執行你的計畫,然後決定該如何行動。你會知道運用「十倍勝法則」後為什麼會成功,也會明白為什麼大多數人無法成功的唯一原因。你會發現,人們在設定目標時,目標常是破壞這些目標達成的障礙。無論夢想大小,你也將學到如何精確計算達成夢想所需的努力。最後,我將告訴你如何把「十倍勝法則」當作一種習慣和紀律。你要相信我,一旦開始,不但保證能獲得成功,且成功會自行永續下去。事實上會自行產生更多,幾乎永不停止的勝利。

「十倍勝法則」是一種紀律,不是教育、天賦或單純的好運氣,也不是人格特質,只要願意,任何人都可以擁有。「十倍勝法則」可使你獲得任何想要的事物,而毋需花費什麼;是任何個人及組織想要設定目標,達到目標所應採用的方法。本書將告訴你如何將「十倍勝法則」變成一種生活方式,成為你實踐計畫的不二法門。「十倍勝法則」將使你脫穎而出,並讓人對你的成功信念及所採取的行動嘖嘖稱奇。人們不只會視你為專業的成功人士,更會將你視為人生中的偶像。

「十倍勝法則」讓何謂成功，及如何成功變得簡單而明瞭。就我個人而言，我犯下最大的錯誤就是制訂的目標不夠遠大――私人生活和工作皆是如此。經營一個超優的婚姻跟一個普通婚姻所需的努力是一樣的，好比賺一千萬跟一萬元所耗的精力程度也一樣。聽起來很荒唐？並不會――一旦你開始運用「十倍勝法則」，就會了解其中秘密。你的目標會改變，採取的行動將會開始符合實際狀態，和你真正能做到的事。你會開始行動，並伴隨更多的行動；無論你面對的是什麼情形和狀況，最終都能完成你著手的事情。我人生中所創造的成功，採行「十倍勝法則」是最重要的因素。

　　目標設定、達成目標，和採取行動的觀念並不是在學校、管理課程、領導力訓練，或週末在高級飯店舉辦的研討會上傳授的。這沒有既定公式――至少我沒能從任何一本書裡找到――能正確估計所需的努力。跟任何一位執行長或公司老闆討論，他或她會告訴你，時至今日，積極度、道德倫理和後續追蹤的等級都不足夠。

　　無論你的目標是著眼改善世界的社會狀況，或打造一家獲利豐厚的公司，都需要運用十倍勝思維與行動才能達成。這無關你受的教育、天分、人脈、個性，或意料之外的好運氣、

金錢、科技、選對產業，抑或在對的時間出現在對的地方。那些創造大成功的人，無論是慈善家、創業家、政治家、專司變更管理的顧問，或電影製作人，我保證，他們在通往成功的路上，肯定運用了「十倍勝法則」。

另一個成功所需要的元素，是有能力準確估計要達成目標，你和團隊需要付出什麼努力。藉著落實必要的努力，你必定能成就這些目標。每個人都知道訂定目標的重要性，然而多數人卻都做不到，因為他們低估了完成目標所需的努力。設定對的目標，估計必要的努力，用正確等級的行動加以執行，這是唯一能保證成功的方法；而且也會讓你在追尋夢想時，突破那些商業上的框架、競爭、來自客戶的抗拒、財務困境、風險規避，甚至害怕失敗。

無論你的天分、教育、財務狀態、組織能力、時間管理、所在的產業是什麼，或運氣的好壞，「十倍勝法則」將保證你取得成功。想像你的人生和夢想都繫於本書，將學會如何從你從未想過的更高、更新的層次來行動！

第一章

什麼是十倍勝法則？

「十倍勝法則」是一個能夠保證你的獲得遠超乎想像的一種方法，適用於生活中的任何面向——精神上、身體上、心靈層面、感情、家庭和財務各方面。「十倍勝法則」的展開，是以了解成功、做好某事所需的努力和思考程度為基礎。當你回首過往人生，往往會發現自己大大地低估了去成就那些堪稱成功的努力所需的行動和理由。儘管我自己在「十倍勝法則」的第一個部分做得很不錯——也就是評估實現目標所必須的努力等級；然而在第二部分——調整自己的思維模式，敢於設定超出原先想像的夢想——我做得不夠好。稍後我將對這兩個部分詳加說明。

過去三十年，我花了一半以上時間研究「成功」這件事，我發現，儘管多數人在目標設定、紀律、堅持不懈、專注、時間管理、廣結善緣，與人際網絡等等方面所見略同，但我一直不太確定是什麼造就了「成功」。我在研討會上和訪談被問過

上百次：「確保一個人能夠創造空前成功的一項特質／行動／思維模式會是什麼？」這個問題在我腦海一直縈繞不去，並促使我去了解，在我的生命中是否曾有某事形成差異化：「我做過的哪一件事情讓結果大不同？」我身上並沒有其他人缺少的基因，而且幸運之神從不眷顧我。我跟那些所謂「對的人」沒有來往，也沒讀過什麼貴族學校。所以，到底是什麼讓我成功？

當我回首來時路，發現我所得到的幾次成功中有一個共通點：我工作時投入的努力是其他人的十倍。其他人每做一次業務簡報、打一通促銷電話，或約客戶見面，每一個項目我都做十次。在我開始投資房地產時，我看的房子數量是我打算買入的十倍，然後才出價，以確保我能用心目中的價格買房。我用大量行動處理我的事業，這是我創造成功當中最重要的決定因素。我建立第一家公司時沒有商業計畫書，是個如假包換的無名小卒。我不懂方法，也沒有人脈，僅有的資金則是靠著新的銷售賺到的。然而，僅藉由運用和執行其他人所認為超出合理範圍的行動等級，我能夠建立一個健全、得以繼續運作的事業。我赤手空拳闖出名號——到頭來改變了一個產業。

讓我澄清一下：我並不認為自己創造的成功空前絕後，

也不認為我已發揮全部潛力。我十分清楚有很多人比我成功許多，至少從財務方面來說是如此。儘管我不是華倫‧巴菲特（Warren Buffett）、史提夫‧賈伯斯（Steve Jobs），也不是臉書（Facebook）或谷歌（Google）的創辦人之一，但我白手起家建立了好幾家公司，使我過著相當優渥的生活。我之所以沒能在財務層面更上一層樓，是因為我違反了「十倍勝法則」的第二部分：十倍勝思維。那是我唯一的遺憾——沒能用正確的思維去面對人生。我應該從一開始就設定比我夢想大十倍的目標。但就跟你一樣，正在努力中——而我還有幾年能把它做好。

在本書我屢次提及創造「非凡等級」的成功這個想法。所謂非凡，意指無論何事，超越一般多數人能做並做得到的範圍。當然，這個定義依你跟誰做比較，和跟哪一種等級的成功比較有所不同。在你開口說出「我不需要非凡等級的成功」，或「成功並不代表一切」，或「我只想開開心心過日子」，或任何此刻你喃喃自語的理由，你要知道：無論你在做什麼，要能更上層樓，必須和你一向以來的舊思維及行動有顯著區隔。若是缺乏高瞻遠矚、更快速的行動和更強大的馬力，你不可能朝計畫中的下個階段邁進。你的思維和行為是你之所以身處現

況的原因。所以，對這兩方面產生懷疑是合理的！

假設你現在有工作但毫無積蓄，希望每個月能有多1,000美元進帳；或者假設你目前有2萬美元存款，但希望能存到100萬；或你的公司目前年銷售額為100萬，但你希望能達到1,000萬；也或許你正在找工作、需要減重40磅，或尋找適合的夥伴等等。以上這些假設涵蓋了人生不同領域，且有個共同點：會這麼想的人都還沒有達到目標。這些目標每個都很有價值，為了達到目標，每一種都需要不同的方法去構思和行動。如果它們超越你認知的尋常結果，就可以稱之為非凡。雖然跟其他人追求的目標相比，或許還稱不上「出眾」，你所設定的目標必須能引領你到一個更高的境界——或朝你還沒成就的目標邁進。

其他人或許不認同你的成功——但只有你自己能決定目標是否不同於一般。你真正的潛力、是否盡了全力，只有自己知道；沒有任何人能評價你成功與否。記住：成功是到達某種想要的目標，或目的的程度或等級。一旦你得到想要的結果，重點將轉變成你是否能夠維持、加倍，或複製你的行動來保持這個結果。雖然你可以把成功形容成一種已達成的功績，人們通常不會費心研究過去的事情，他們會把心思放在某些他們計

劃去做的事上面。關於成功，有趣的一點是，它就像呼吸或空氣，雖然你上一口呼吸的空氣很重要，但它的重要性卻遠不如你的下一口氣。

無論曾經實現過什麼，你仍會期望未來繼續有所成就。如果你不再想辦法成功，就像你用上一口氣去過你下半輩子而停止呼吸。世事多變，無法靜止不動──即便想維持現狀，都需要關注和行動。說到底，你不可能靠著結婚那天感受到的愛意去維持一樁婚姻。

那些在職業與私人生活非常成功的人──即便在他們達到輝煌成就，仍持續努力生產及創造。世人用一種既驚訝又困惑的眼光看著他們，提出類似「他們為什麼還這麼拼？」這種問題。答案很簡單：那些極度成功的人很清楚，他們必須努力不懈，才能實現新的目標。一旦他們放棄自己鎖定的目標或事物，成功的循環將會到達終點。

最近有人問我，「你已賺夠了錢，可以輕鬆度日，為什麼還這麼拼？」那是因為我執迷於下一次成功的氣味。我忍不住要在這個世界上留下一個傳奇，和正面的前例。當我無法成就時是我最不快樂的時候，而追求完全發揮潛能與能力最使我開心。此刻我對現狀的失望或不滿，並不表示我有什麼毛病，反

而代表我很正常。我相信，為自己、家人、公司和未來創造成功是一種人生義務。沒有人能讓我懷疑，我渴望往下個階段之成功邁進的念頭有什麼不妥。過去，我給小孩和伴侶的愛足夠嗎？或我該在當下和未來注入更多的愛給他們嗎？

事實上，多數人並未達到他們定義中的成功，很多人希望他們生活中至少有一個面向「得到更多」。確實，閱讀本書的正是這些人——不滿足且想要更多的人。說真的，誰不想要更多——更緊密的關係、與他們愛的人有更多有意義的相處時光、更重要的體驗、體格和健康等級的提升、更有精力和精神、知識更豐富、有更強的力量貢獻給社會？這些目標的共同點是渴望變得更好，無數的人用這些特質來衡量一個人成功與否。

無論你想要什麼或想成為什麼——減重五公斤、寫一本書或成為億萬富翁——達到目標的渴望是促成這一切的關鍵元素。每個目標對你未來的生死存亡都相當重要，因為它們顯示了你有哪些潛力。無論你正在努力達成哪一種目標，你必須跳脫既有思維模式，信守承諾不動搖，並採取比你認為必要的行動再多上十倍——再更多行動。人們在職場或生活其他面向遭遇的每個問題——例如減肥、婚姻失敗、財務困境——都是因

為採取的行動不足而導致的後果。

所以，在你告訴自己一百萬次「如果我……會很開心。」或「我並不想發財，只要舒服自在就好。」或「只要夠讓我開心。」這些話之前，你必須了解一個重點：去限制你想成功的渴望，違反了「十倍勝法則」和其中心思想。一旦人們開始侷限自己渴望成功的程度，我保證，他們也會限制自己為了達成目標所需的行動，他們會因為自己的承諾而慘遭失敗。

這就是「十倍勝法則」關注的重點：你必須把目標設定的比你想要的大十倍，行動比你認為達成這些目標的必要努力多十倍。大量思維必須輔以大量的行動。「十倍勝法則」並不普通，如同字面的意思：比其他人多十倍的思維和十倍的行動。「十倍勝法則」是一種單純的掌控心態。你不隨波逐流；你得願意做別人不做的——甚至採取你可能覺得「不合理」的行動。這種掌控心態不在控制他人，而是成為其他人思維和行動的表率。你的心態和行為應該被用來當作其他人自我衡量的標竿。十倍勝一族從來不會只把目標放在他們想達成的結果；相反的，他們渴望全盤掌控，也會為了這個目的而採取超出合理範圍的行動。如果你著手一件事，就抱持對潛在結果設限的心態，在完成目標的過程中，也會限制自己的行動。

以下是人們在邁向成功時常犯的一連串基本錯誤：

1. 目標設定錯誤，沒有考慮足夠、正確的動機。
2. 嚴重低估達成目標所需的行動、資源、金錢與努力。
3. 拿太多時間來跟別人比較，對征服自己領域所投入的時間不足。
4. 低估那些為了真正達到他們渴望的目標必須克服之種種困難的多樣性。

美國之前面臨的信貸違約風暴，正是一連串這種錯誤步驟的最佳示範。在這種狀況下成為犧牲者的那些人，就是因為設錯目標、低估必要的行動量、過分密切關注於跟人比較，而不去營造一種就算面臨突如其來的挫折，仍然能攻無不克的情況。人們抱持一種群聚的心態——他們以競爭而不是征服為基礎。他們的想法偏向「我必須效法同事／鄰居／家人所做的」，而不是「我必須做對我自己最有利的事情」。

儘管有許多人不願承認（或不想相信），事實上，所有經歷過房市崩盤和喪失抵押品贖回權這種悲慘經驗的人，並沒有正確地將生存當作目標來設定。這些違約數量，連帶影響全國

上下一般人的住房價值。當房地產市場崩盤，對每件事都產生負面效應——就算不是炒作房地產的人也會受到連帶影響。失業率突然攀升二至三倍，造成產業元氣大傷，公司倒閉，退休金帳戶也被清空。就算是最老練的投資人，也很難計算到底需要多大的財力，才能平安度過這個風暴。你可以怪罪銀行、聯邦政府、房貸經紀人、時機、運氣不好，甚至想把罪怪到上帝頭上也行；但這種情況的真相是，所有人（包括我！）還有無數的銀行、公司，甚至整個產業，都沒能適當地評估情勢。

當人們不去設定十倍勝目標，自然無法依照十倍勝原則去操作——他們會被那些「一夕致富」的現象，和市場上突如其來的改變所影響。要是你專心致志在自己的行動上，也就是專注於掌控自己的目標，對這類誘惑你可以不為所動。因為它曾發生在我身上，所以我很清楚。我深受其害，正因為我沒有適當地把目標設定成十倍等級，才會受到外界雜音的干擾。某個人接近我，取得我的信任，聲稱要是我願意加入他的團隊和公司就能賺到錢。因為我的資本不夠單打獨鬥，於是被拉了進去，但他讓我損失慘重。要是我適當地設定目標，就會全神貫注在達成目標的必要行動上，這個騙子就不會有機可乘。

環顧四周，你很容易看到人們，大多數人通常把目標訂得

過低。事實上，許多人已經被預設去訂定甚至不是他們自己想要的目標。有人告訴我們所謂「很多錢」的定義——什麼是有錢、貧窮，或中產階級。對於什麼是公平、困難、可能的，什麼是道德、什麼是好、什麼是壞、什麼叫醜陋、什麼叫好看、什麼是美味等等，這些我們早已有了先入為主的想法。所以不要以為你所設定的目標，沒有受到這些既定印象所妨礙。

你設定的任何目標都不容易達成，也無可避免會在某個時刻令人感到失望、沮喪。所以，為什麼不乾脆一開始就把目標設定得比你認為適合的高出許多？如果這麼做需要你勞動、努力、精力和堅持不懈，為什麼不把每一項乘以十倍去盡力達成？搞不好你低估了自己的能力？

不過，你或許會抗議，若設定不切實際的目標導致失望、沮喪，又該怎麼說？花點時間研究一下歷史，或者，更好的方法是回顧你的人生。過去你經常感到沮喪，很可能是因為你設定太低的目標且達成它們，卻驚訝地發現還是得不到想要的結果因而感到失望。另一個學派的說法是，人們不該設定「不實際」的目標，一旦你了解根本達不到時有可能不得不放棄努力。那麼當你設定十倍目標後半途而廢，仍然比目標只有十分之一而中途放棄做到的更多？讓我們假設原始目標是賺10萬美

元，然後把它改成賺100萬；你寧可達不到哪一個目標？

有些人聲稱，期望是不快樂的根源。不過，以我的經驗向你保證，目標訂得不夠高會讓你吃盡苦頭。你因此不會投入必要的活力、精力、資源去應付那些突如其來的變數和狀況，這些都是在一個計畫或事件中無可避免的情形。

花一輩子去賺「夠用就好」的錢，最後錢卻不夠用，這是什麼道理？為什麼你一星期只上一次健身房，難道只是為了全身痠痛，卻看不到體型有任何變化？為什麼明知道市場機制只會獎勵傑出的人，你卻只求「好」就滿足？為什麼你在工作上一天努力八小時，明明可以成為超級巨星，甚至可能經營或擁有那家公司，但卻沒有人認識你？以上這些例子都需要你的精力。只有十倍勝目標才會有收穫！

讓我們先回頭看看「成功」的定義——多數人從來不會去查閱這個詞，研究它的人更少。「success」（取得成功或成功的人）到底是什麼意思？在中古時期，這個詞通常是指得到王位的人，它是從拉丁文succeder（真有力的一個字！）衍生而來。「取得成功」（動詞）字面上的意義是「得到好結果，或得到渴望的物件或結果」；而成功（名詞），表示一種累積的事件最後得到好結果，或達成想要的成就。

這樣想吧——假設你減了五公斤但又增加六公斤回來，你不會認為這個減重是「成功的」。換句話說，你必須能夠維持成功的狀態，而不光是得到它而已。你也會想在成功的基礎上更進一步，來確保你能保持成功狀態。畢竟，你可以很成功地割一次草，但它終將長回來；你必須使你的院子持續維持才能稱之為成功。成功並不是一次性達成某個目標就好，我們必須能堅持不懈創造成功。

在你開始擔心必須永無止盡的工作之前，我跟你保證沒有擔心的必要——也就是說，只要你從一開始就設定正確的十倍勝目標就可以了。隨便找一個在某個領域獲得廣泛且非凡成就的人談一談，他們會告訴你，他們從來不覺得自己在工作。多數人感覺在工作，是因為他得到的報酬不夠豐厚，也沒有創造出足夠的勝利，讓他們不覺得自己在工作。

你的焦點應該放在這類自行建立的成功上面——它將永久存在，而不僅只是曇花一現。本書是關於如何創造非凡的成就，如何確保你會得到它，如何維持——且如何更進一步但不覺得自己在工作的寶典。記住：一個人若是限制自己成功的潛在可能性，將會限制自己去創造和持續成功的作為。

有一點必須銘記在心，你想取得的事物——換句話說，就

是目標或目的——並不像成就十倍勝目標所需要的心態和行動那般重要。無論你想成為一個專業演說家、暢銷書作家、頂尖的執行長、傑出的父母、偉大的老師，或想擁有模範婚姻、練出好身材，抑或製作一部可以流傳幾個世代還讓人念念不忘的經典電影，你都應該力求超越當下，並且投入十倍勝的思維與行動。

任何你渴望的目標或目的，代表某件你尚未完成的事。你已經完成多少並不重要，只要還活著，你要不就是去完成自己的目標和夢想，要不就是被當作一種資源，去完成別人的目標和夢想。在本書中，成功被定義成完成你心之所想的更高一個層次，用一種方法能夠永久改變你看自己、看你的人生、該如何運用你的力量；更重要的可能是——改變別人對你的看法。

「十倍勝法則」是關於你該怎麼去思維與行動，才能達到一個比你想像中的滿足更高出十倍的境界。這種等級的成功不可能靠「普通」等級的思維與行動來達成。這就是為什麼就算達成多數目標，它們卻無法給予你足夠的成就感。普通的婚姻、銀行帳戶、體重、健康、事業、產品或這類的事項，就是像這樣——普通。

你準備好開始十倍勝探險了嗎？

練習

十倍勝法則包括哪兩部分？
_____
_____
_____

人們在設定目標時會犯哪四大錯誤？
_____
_____
_____

為什麼目標訂得太低會是問題？
_____
_____
_____

你準備好十倍勝了嗎？
_____
_____
_____

第二章

十倍勝法則能改變什麼？

在我們開始討論依照「十倍勝法則」去思考和行動對你有多重要之前,我先分享自己的一個小故事。那些我曾參與的計畫當中,我低估了把我的計畫帶向成功所需的時間、精力、金錢和努力。對於所有被我鎖定的客戶和新領域業務的投資,最後我發出的信件、電話、電子郵件和聯繫,總是比我原先的計畫多十倍;連要求我太太跟我約會和後來終於嫁給我,我花的努力和精神都比原先估算的多十倍(但不管從哪個方面來看都值得!)。

無論你的產品、服務或想法有多麼優秀,我跟你保證,總會有意料之外或未計算到的狀況出現。經濟情況變化、法律問題、競爭、抗拒轉變、產品太新得不到銀行貸款額度、市場不確定性、科技日新月異、人的問題……更多人的問題、選舉、戰爭,罷工——以上只是幾項可能發生的「意外事件」。我說這些不是為了恐嚇你,而是為了幫你做好準備,迎接最大的

機會。十倍勝思維和行動非常重要，只有它們能夠幫助你度過難關。光靠金錢這一項是不夠的，它雖對你有所助益，但不能幫你完成所有的工作。如果你前進戰場卻沒有支援的部隊、補給、彈藥和耐力，你終戰敗返鄉。就這麼簡單。光占領一片土地是不夠的，你必須能守住才行。

29歲那年我開始創業。多數人創業都不是為了自己，因為他們不會願意忍受必要的財務撙節。而我已經有了心理準備，或者說自以為已準備好，且假設只需要三個月就能達到先前那份工作的薪資水平。結果，我花了將近三年才讓我的事業創造出和前份工作同等的收入。這比我預期的時間要多出12倍。而且三個月之後我幾乎放棄──不是因為收入的關係，而是我所遭遇到的抵抗和沮喪的程度太大。

我做了一份清單，列出公司為什麼無法成功的原因。我這麼做是為了說服自己別再繼續。我失望到不行，整天心煩意亂，整個人幾乎被打倒。我去找一位朋友，跟他說「我沒辦法再撐下去……我不玩了。」我為自己的失敗找了一個又一個理由──客戶缺乏資金、經濟狀況太糟糕、時機不對、我太年輕、客戶不進入狀況、人們抗拒改變、我很差勁、他們很差勁……一個接著一個。

在花了這麼多時間試圖了解事情為什麼行不通之後，我終於明白，我很可能根本整個搞錯方向。

我從沒想過，在整個過程的起頭階段，我可能早就錯估新產品上市會遭遇的狀況。當然，我提出了一個新的概念，但這不是因應其他人要求而產生的。我的資金有限，所以沒辦法找員工，也沒錢可以打廣告──這很可惜，因為沒人認識我或我的公司。當時我就是瞎忙，只是打促銷電話給其他公司行號。如果要讓公司繼續下去，靠的是我加倍努力的能力，而不是我的藉口。

當我停止羅列失敗的原因，下定決心提高十倍努力來扭轉頹勢。一旦開始這麼做，所有事情立即起了變化。我靠著正確估計的努力再度回到市場上，而且結果開始顯現。與其一天打二到三通促銷電話，我開始打二十到三十通。當我提升自己全力投入，配合正確的思維與行動等級，市場開始回應我的投入。儘管仍然艱難，而且我仍然偶爾覺得沮喪，但十倍的努力讓我得到四倍的成果。

一旦你低估完成某件事所需投入的時間、精力和努力，「放棄」就已經被置入你的心理、聲音、姿勢、臉部表情和表現。你不會再去開發為達成目標不可或缺的堅持心態。反之，

若你能正確估計必要的投入，你就會具備適當的立場或想法。市場將會感受到你的行動，知道你是一股不容漠視的力量，而且你堅持不懈——它將根據這一點回應你。

　　過去二十年我諮詢過數以千計的個人或公司行號，但我從來沒見到他們之中，有任何人正確地估計所需的努力或有正確的思維。無論是蓋房子、募款、陷入法律訴訟爭戰、找工作、新產品販售、新職務的學習、獲得陞遷、拍電影，或找到生命中的另一半，耗費的力氣肯定比人們設想多得多。我還沒有遇過任何人可以聲稱這些事情是小事一樁。從旁觀者的角度來看，達成這些目標看起來或許容易，但親身經歷過的人絕對不會這麼說。

　　一旦你錯估了想成就某事的必要投入，明顯地將讓你感到失望或心灰意冷。這麼一來，會導致你無法正確發現問題，遲早下定論說目標無法達成，以致於無功而返。多數人——包括那些管理階層，第一個反應就是降低目標，而不是增強行動。我見到一些組織裡的管理階層，年復一年對他的銷售團隊這麼做。在每一季一開始先給你一個銷售目標，或雙方協商同意一個業績目標。等時間過了一半，發現達不到目標，就召集大家開個會，把目標降低到一個比較可能達成的數字，好讓團隊保

持士氣，有機會達標。

這種嚴重錯誤根本不該出現在你腦海裡並成為一種選項。它傳遞一個錯誤訊息給整個組織——也就是，目標不重要，贏得勝利唯一的方法，就是把終點線往前移。一個偉大的管理者應該激勵他人冒著結果不如預期的風險去做得更多，而不是降低目標。為了讓大家感覺良好而改變目標，將進一步削弱士氣、希望、預期和技能，而且每個人都會開始找理由——說是藉口或許更恰當——為什麼團隊無法達成目標。永遠不要降低目標，你應該做得是加強行動。一旦你開始重新考慮目標、創造藉口、讓自己覺得輕鬆，你等於正在放棄你的夢想！這些行為表示你正在偏離軌道——你應該好好想想，如何修正最初估計的所需投入。

「十倍勝法則」的前提是，目標永遠不是個問題。只要具備方向及正確規模和堅持不懈的行動，任何目標都能達成。就算我想的是到另一個星球去看看，我也得認定在所需的時間內採取正確及足夠的行動，方能讓我達成目標。一旦人們低估所需的行動，不可避免地將開始合理化自己的行為。人們似乎都內建了一部自動計算機，其存在的唯一目的，就是為自己的失敗開脫。問題是，最初和最常使用的計算，總是瞄準其他地

方，而不是所需的努力。這部計算機通常比較情緒化、沒那麼理性，它判斷你的計畫、客戶、經濟情勢和個人缺失，來解釋為什麼結果不如預期。這或許要歸咎於所有包括在計算裡的錯誤因素——可能是媒體、教育制度，和我們的教養所造成；藉口好比「市場還不夠成熟」「經濟情況太差」「沒人想要這個」「我不適合做這件事」「我們的目標太不實際了」以此類推。而這一切往往只是你沒能正確評估必要的行動而已。無論怎樣的時機、經濟狀況、產品、投資的規模，只要正確行動到正確的程度，假以時日就會成功。

以我過去三十年成立公司，引進新產品與新想法到市場上的經驗，我可以向你保證，意料之外的狀況肯定會出現，無論你的商業計畫再怎麼仔細都一樣。不管產品製造是否零成本、跟最相似的競爭對手比起來或許好上一百倍，你還是必須運用十倍的努力來跨越種種障礙，打開知名度。你得假定每一個想做的計畫，將比你想像的需要更多時間、金錢、精力與人力。把你的每一個期望拿來乘以十倍，那或許就沒有問題了。要是它不需要用到期望的十倍，那好極了。愉悅地享受驚喜，總比極度失望好得多。

如果你想縮短讓想法或產品上市的時間，那麼你必須確定

自己每一件事都用力十倍，才能讓想法或產品在更短的時間內於更多地方曝光，吸引更多人潮。舉個例，如果你打算用一個人來推銷你的想法，為了縮短需要的時間，那麼就得計劃用十個人來做。不過要記得：十倍的人力代表你得花十倍的成本，還得找個人來管理他們。

十倍勝參數顧及到各種不在計畫中的變數，它們有可能在計畫的任何一個時點打擊你：員工的問題、法律訴訟、經濟環境震盪、全國或全球事件、競爭、疾病……等等。這個清單還可以加上對你計畫的市場阻力、人們故步自封、科技的日新月異，甚至再加上那些數不清的其他潛在事件。

不知道怎麼回事，那些對某件事發展出某個想法，又想把它帶到市場上的人們，往往抱持一種樂觀的態度，這種想法經常讓他們嚴重誤判完成計畫該有的投入。對任何計畫或目標來說，熱忱當然很重要，但請別忘了一個重要的事實：你的潛在客戶對這個計畫並沒有跟你一樣的熱忱，他們連這個計畫是什麼都還搞不清楚。你的潛在市場很可能才剛剛開始對你的想法有概念。那麼，他們很有可能對你的想法無動於衷，毫無興趣。

我並不是叫你悲觀，只是要你有心理準備。你必須用「十

倍勝法則」來運籌帷幄你的計畫，就好像你的生命就全仰仗它了。你得步步為營，猶如過程中每走一步都有鏡頭對著你似的。假裝你就是個偶像，每一步都被你的後代子孫記錄下來，跟你學習如何做個人生勝利組。就像個金牌運動員只有僅存一次機會在歷史上留名般，對每一件事都要奮力一搏。而且謹記有始有終，所有的贏家都有這個共同點，他們步步為營一直到完成為止。不找藉口，而且採取一種毫不放鬆的態度。對每一種情況的投入，都是「我來參加就是為了獲勝，不論代價」的心態。聽起來太有攻擊性？沒辦法，這就是現代社會身為贏家必須具備的心態。

　　我知道你從前應該聽過這些老生常談，但成功不會從天上掉下來；它是長期不懈怠，採取適當行動的結果。唯有運用適當觀念和採取相關行動的人才能贏得勝利。雖然運氣多少有點關係，但那些「運氣很好」的人會告訴你，所謂的「運氣」和他們做過的努力成正比；你行動得愈多，幸運之神愈可能降臨。

練習

當人們知道自己達不到目標,多數人(包括管理階層)的第一個反應是什麼?

_____

_____

_____

_____

當你開始為無法達成目標幫自己找藉口,這代表什麼?

_____

_____

_____

_____

請填空。十倍勝法則設定目標永遠不會_____。任何目標,輔以正確的_____在正確的_____加上堅持不懈,就會_____?

第三章

什麼是成功？

我知道「成功」這個詞我用了很多次，先讓我們來澄清一下它到底是什麼。它的意義對你跟對我或許不同。成功的定義端看一個人在人生中處於哪個階段，或什麼事情引起他或她的關注而定。在孩童時期，成功或許是第一次拿到零用錢，或就算過了上床時間還能賴著不睡覺。過不了幾年，這些就沒什麼意思了。對青少年來說，成功的意義可能是擁有自己的臥室、手機，或更晚的門禁時間。在二十歲出頭時，成功可能是幫你的第一間公寓裝潢、獲得第一次陞遷。再之後，成功或許是結婚、生子、更多次陞遷、旅遊，以及更有錢。當你的年齡和狀況改變，你對成功的定義又會再度轉變。當年齡更長些，你很可能會發現成功在於你的健康、家庭、孫子女、你的傳承，和你被別人懷念的事物。你處在人生的哪個階段、面臨的狀況、環境、事件和人，這些你最專注的部分，將影響你對成功的定義。成功可以發生在各種範圍領域——財務上、精

神上、身體上、心理上、情緒上、慈善方面、群體之間，或家庭層面。然而，不管你想尋求哪方面的成功，為了得到且維持它，你必須清楚最重要的幾點：

1. 成功很重要。
2. 成功是你的責任。
3. 成功要源源不絕。

我將在本章討論第一點，其他兩點留待隨後的章節討論。

成功很重要

無論人們的文化、種族、宗教信仰、經濟能力為何，或隸屬哪個社會團體，多數人會同意，成功對於個人、家庭、和團體的福祉安康來說都事關重大，當然，對這些群體的未來存亡更是如此。成功讓人有信心、安全、自在、具備更上一層樓的能力，對於可能做到的事情給予他人希望並帶領他人。少了它，你、你的團體、公司、目標和夢想，甚至整個文明世界都會停止生存和繁榮。

從發展的角度來看成功這件事，若不持續成長，任何實體——在一個企業裡也好、夢境也好，或整個人類——將不再存續。歷史上有太多例子支持這個觀點，一旦停止成長，就是災難的開始。我們可以拿維京人、古羅馬和希臘、俄羅斯共產黨，以及數不盡的公司和產品名單來看。人、事、物若要長久存在，成功是必要的。

永遠別在心裡或一段對話裡貶低成功的重要性；相反地，它不可或缺！那些把成功對將來之重要性縮到最小的人，已經放棄他或她自己的機會去成就，並且試圖說服別人也這麼做。個人和群體必須主動完成他們的目標和目的，才能夠向前邁進。若非如此，他們可能將不再存活，或被消耗而變成某種東西的一部分。公司和產業若想維持他們的狀態，必須成功地創造產品，讓產品上市；讓客戶、員工和股東開心；並且日復一日重複這種循環。

已經有太多所謂「俏皮的」說法，企圖摒除成功這件事的重要性，好比「成功是一段旅程，而不是目的地。」拜託！一旦惡劣的經濟發生緊縮，所有人就會立刻了解，他們無法光憑著這些格言填飽肚子或支付房貸。過去幾年的經濟事件應該已經明白顯示，我們如何嚴重低估成功的重要性，和它對我們的

生死存亡有多關鍵。光是參與遊戲並不足夠，你必須學會怎麼做才能成為贏家，這一點相當重要。只有在所有你投入的事情上面不斷獲勝，才能確保你自己更上層樓，也才能保證你和你的想法得以延續到未來。

　　成功對一個人的自我意識同樣重要，它提升了你的信心、想像力、安全感，並強調能夠貢獻的重要性。那些沒辦法提供這些好處給他的家庭和未來的人們，就等於讓自己和家人暴露在風險之中。此外，由於那些不成功的人們無法購買商品和服務，這樣一來會造成經濟成長趨緩、稅收降低，進而對學校、醫院和公共服務帶來負面影響。這個時候，某些人會說，「但是成功並不代表一切」，它當然不是一切。不過我總會琢磨著，講這些話的人們到底想表達什麼？在我的研討會中，每當有人對我說這句話，我通常會用類似的反問句來回他，「你是不是因為吃不到葡萄，才說葡萄是酸的？」

　　面對現實吧！無論你想達到什麼樣的目標，成功絕對事關重大。如果你不再關心這些，也就等於停止邁向勝利；一旦你停止勝利時間夠久，最後你終將停止一切！孩子能從自暴自棄的父母中有所獲益嗎？你創造的藝術品賣不掉、一本偉大的著

作無人出版，或一個可以讓一切變好的想法不被接受，有任何人從中獲益嗎？沒有人會從你的失敗得到好處。如果你有辦法扭轉乾坤，達成你為自己設定的目標和夢想，這才叫了不起。

練習

你曾經聽過哪些貶低成功之重要性的格言或俏皮說法？
_____
_____
_____
_____

成功這件事對你有多重要？它將如何改善你的生活？
_____
_____
_____
_____

第四章

成功的責任在你

我生命中最重要的轉捩點之一,就是停止守株待兔等待成功降臨,而開始把它當作一種責任、義務和職責去履行。我確實開始把成功視為一種道德上的議題——一個對我家人、公司和未來的責任,而不是一種可能發生、也可能不會發生在我身上的事情。我花了十七年時間接受正規教育,幫助我準備好面對這個世界,但其中沒有一堂是關於成功的課。從來沒有人告訴過我成功的重要性,更不用說該怎麼做才會得到成功。這真令人詫異!多年的教育、資訊、成千上百本書、課堂上花的時間和金錢,卻無法讓我找到這麼做的目的。

但我很幸運在人生中有過兩次特殊的經驗,它們就好像暮鼓晨鐘般敲醒我。在這兩次案例中,我的存在和生存受到嚴重威脅。第一次是發生在我二十五歲。當時我的人生慘不忍睹,漫無目的、飽食終日,虛度了好幾年人生。我一貧如洗,一切都在未知狀態,也缺少方向,太多時間無所事事,還沒有下定

決心把成功當成一種義務。要是我當時沒有這種體悟並開始認真面對人生，我應該活不到今天。你知道，人會死亡不一定是因為年紀到了。我二十歲瀕臨死亡，就是因為缺少目的和方向。那時候的我保不住任何一份工作，周圍充斥著失敗者，無可救藥到了極點；更糟的是，我天天嗑藥酗酒。若我沒被敲醒而懸崖勒馬，最好的情況是平庸度日，但或許更糟。若不是我承諾這輩子要成功，我不可能會找到自己生存的目的，只會用一輩子時間去成就其他人的目標。讓我們面對現實，有很多人活著只是存在而已，我很清楚這點。當時的我是個業務，但打心底鄙視這個工作。一旦我決定把業務當作職業，決心盡我所能在銷售方面達到成功，我的人生就此改變。

第二次覺悟發生在我五十歲，當時正值大蕭條之後，經濟嚴重緊縮。事實上，那時我人生中的各方面也都在風雨飄搖之中，跟數十億的其他個人、公司、產業，甚至整個經濟情況沒什麼兩樣。幾乎就在一夜之間，事情變得十分明朗——我的公司在自己的領域不夠強，它的未來危在旦夕。除此之外，我的財務健全程度也受到威脅。所有其他人認為的傲人財富，現在看起來搖搖欲墜。記得有天我打開電視，聽到關於失業人數增加的報導，因為股市和房市的修正，財富被摧毀、房屋抵押的

贖回權被取消、銀行倒閉、政府勒令公司停業。我發現我讓家人、公司和自己陷入一個岌岌可危的情況。正因為我安於現狀不求進步，停止把追尋成功視為自己的責任、義務和職責。我失去了重心和目標。

在這兩個生死攸關的重要關頭，我意識到，想得到一個完整的人生，成功與否很重要。在第二次覺醒時，我了解到，我要的成功必須比普通人想得更大，而精益求精不是種選擇，是絕對必要。

多數人追求成功的方法和我承諾投入之前一樣，把它看得無關緊要，就好像它只是個選項，或認為它只會發生在某些人身上。有些人只要達到一點點成功就滿足，相信這麼「一點點」就足夠他們一切安康。

很多人無法為自己創造成功的主要原因之一，是因為他們把成功看得可有可無，也因為這樣，多數人離發揮他的全部潛能還早得很。問問自己，你離發揮自己的全能有多遠。聽到答案你可能不會太開心。如果你不曾把發揮全能當作自己的責任，那麼它就不會發生，就這麼簡單。如果它對你而言不是個道德問題，那麼你就不會覺得有義務，或被驅使去實現你的能耐。人們通常不會把創造成功看成是種非履行不可的義務，或

生死存亡的任務,不會抱持非要不可、入了寶山絕不空手而回的心態。他們窮盡下半輩子為自己的不成功找藉口。當你把成功當作一個可有可無的選項而不是義務,下場就是這樣。

在家裡,我們認為成功攸關家庭未來的生死存亡。內人和我對這一點意見一致。我們經常一起討論它為什麼如此重要,並且決定我們實際上該怎麼做,不要讓次要的事物擋在我們通往成功的道路上。我所指的成功不僅指金錢,而是全面性的——我們的婚姻、健康、宗教、對社會的貢獻和對未來——即便在我們百年之後。對待成功,你必須用一種稱職的父母以孩子為己任的方法。它是種榮譽、一份義務,也是最高優先。稱職的父母會不顧一切照顧好他們的子女。他們會半夜爬起來餵飽嬰兒,使出全力工作以使子女溫飽,為他們挺身而出,就算自己的生命處於危險之中也在所不惜。你也應該用這種方法看待成功這件事。

停止欺騙自己

那些得不到自己渴望目標的人,你常常會看到他們幫自己找理由,甚至騙自己,說成功對他們而言多麼微不足道。我

們很容易在當今社會，所有的人口和居民區隔看到這種趨勢。書本裡看得到，教堂裡聽得到，甚至學校裡也在推廣它。舉個例，那些得不到想要東西的孩子們會吵鬧一下，哭一會兒，然後說服自己說，他們從一開始就沒想要那樣東西。承認自己想要一件得不到的東西完全沒關係。事實上，只有這樣才能幫助你達成目標，儘管一路上將遭遇重重困難。

就算是我們之中最幸運、最有辦法的人，也必須費些心力讓自己在對的時間點出現在對的地方，在對的人面前。就像我在前一章結尾提過的，運氣只是那些採取最多行動的人製造出的副產品之一。成功的人之所以看似比較幸運，是因為成功通常很自然地可能帶來更多成功。達成目標而創造神奇態勢的人們，會自我要求去設定，甚至達成更高遠的目標。除非你知道他們私底下的行動，檯面上你聽不到也看不到他們經過多少次失敗後才成功；畢竟，只有當贏家出現的時候才會引起這個世界注意。讓肯德基（Kentucky Fried Chicken）出名的桑德斯上校（Colonel Sanders），試著推銷他的點子高達八十次以上才被人接受。史特龍（Stallone）只花了三天時間撰寫電影洛基（Rocky），電影票房2億美金；但在寫劇本時，他還是個窮困的無名小卒，還得賣掉他的狗換50美金來買食物。華特‧迪士

尼當年打造樂園的的想法被嘲笑過，然而現在全世界的人願意花100美金買張入場券，甚至存一輩子錢就為了帶全家到迪士尼樂園度假。別被這些表面上的幸運搞糊塗了。幸運的人不會自動變成成功的人；全面投入追求成功的人，看似在人生中得到幸運之神眷顧。某個人說過「我工作越努力，我就越幸運。」

我們甚至可以再往前一步：如果你能複製獲得成功的過程，它將會變得比較不像是「成功」，而是一種習慣——對某些人來說，幾乎像日常生活一般稀鬆平常。成功的人常常被形容成具有某種魔力——某種特性，或有神奇的魔力籠罩或跟著他。怎麼說？因為成功的人把追求成功當作一種義務、責任和職責，甚至是一種權利！假設現在某兩個人有機會成功，你認為是那個把成功當作義務，主動出擊爭取的一位會得到，還是另一位抱持著成功「有沒有都好」心態的那一位會成功？我認為你知道答案。

儘管「一夜之間成功」這句話很常見，事實上它並不存在。成功一向都是前置行動得來的成果，不管是看似多麼微小的行動，或多久之前採取的行動。任何人如果把一個事業、產品、演員，或是一個樂團的成功看成是突如其來的，他們便忽略了去了解某些人為了往成功衝刺，而培養的心理狀態。他們

未看到這些人在創造和獲致他們實至名歸的勝利之前所付出的無數行動。

成功會出現，是一個人全心全意想得到它的結果，伴隨著長時間的行動，直到達成目標為止。如果你對成功的渴望還比不上你對家庭、公司，你未來在道德和精神義務及責任，那你很可能無法創造它，更不要說去維持它。

我向你保證，當你、你的家庭和你的公司開始把成功當作一種責任和道德問題，那麼所有的事情將立刻轉變。雖然道德肯定是一種個人想法，但多數人會同意，有道德並不僅僅是說實話，或不偷竊金錢。我們對道德的定義，當然可以從這裡延伸更廣——或許應該包括每個人必須盡全力發揮與生俱來的潛力這種想法。我甚至認為，無法堅持達到大量成功的極致是不道德的。如果選擇每天把自己做到最好是道德的，那做不到就是違反道德。

你一定要持續把追求成功當作一種義務、責任和職責。我將告訴你該如何保證成功發生：任何事業或產業，任何時間點，不管遭逢什麼樣的障礙，不管你渴望的成功有多麼巨大！

你必須從一種道德上的觀點來追求成功。成功是你的義務、責任與職責！

練習

成功應該被當作你的_____、_____
和_____來追求。

用自己的話寫下成功為何是你的義務、責任與職責。
_____
_____
_____

關於成功,寫下兩個你自我欺騙的例子。
_____
_____
_____

關於成功,有哪兩件你該知道的重要事項?
_____
_____
_____

第五章

源源不絕的成功

你怎麼看待成功這件事,跟你怎麼追求它同樣重要。成功不是一項被製造和庫存的商品,你能創造多少成功並沒有「限額」,你要多少有多少,我也一樣——而且你的成就不會阻止或限制我達到成功的能力。很可惜,多數人看成功就好像它是某種會用罄的東西。他們通常認為,要是其他人獲得成功,將會限制他們創造成功的能力。然而成功不像樂透、賓果、賽馬,或紙牌遊戲那樣,只能有一個贏家。它不是這樣,它不是像電影《華爾街》裡高登・傑柯(Gordon Gekko)所說,「只要有一個贏家出現,就有一個輸家產生。」成功不是一種零和遊戲,贏家可以有很多。成功並不是一種限量的商品或資源。

不必怕成功被用完,它是被那些擁有無限的想法、創意、足智多謀、天分、聰明才智、原創性、堅持不懈,和有毅力的人所創造出來的。你注意到我把成功形容成某種被創造出來的

事物，而不是被取得的嗎？和銅、銀、金或鑽石這類東西不同，這些東西早已存在，你必須把它們找出來帶到市面上。成功是被人們製造出來的。偉大的想法、新科技、創意產品，對於老問題的新解決方案，這些都是永遠源源不絕的事物。成功的創造可能發生在世界任何一個角落——可能在同一時間，也可能在不同時間，或在不同層次，被數以百萬計不受限的人創造出來。成功不需要倚賴資源、供應或空間。

政治和媒體藉著暗示某些事物不是人人有份，而對這種匱乏的觀念推波助瀾，也就是「如果你擁有某樣東西，我就不能有。」許多政客認為他們必須散播這種迷思，來激勵他們的追隨者表明立場，支持或反對另一個政治家或政黨。他們會做出如下聲明：「我比另外那個傢伙更照顧你們」、「我會讓你們生活過得比現在好」、「我會幫你們減稅」、「我承諾給你們的下一代更好的教育」，或「我會提高你們成功的可能性」。這些聲明隱含的意義就是，只有我才辦得到，另一個人沒辦法。這些政客先強調他們已知追隨者重視的主題和措施，接著他們會營造一種氛圍：人們的能力不足以為自己做成這些事。他們強調「稀少性」，想盡辦法讓人們覺得，支持他們是得到自己想要和需要之事物的唯一機會。他們會暗示必須支持他

們,否則你達成願望的機會將更加渺茫。

和人們談論政治或宗教很困難的其中一個原因是,這兩者的交流通常會暗示一種不足,接著引發無可避免的爭議。舉例來說,假使你的政治理念贏了,就表示我的理念輸了。如果一個政黨得到他們支持的,即表示另一群人必須受苦。在某些通用的態度和觀點上同理可證。要讓人們對彼此的歧見取得共識極度困難,人們通常假設——要是另一個抱持相互衝突的信念存在,他們的信念就無法成立。這個觀念也是基於限制和不足的概念而來,其只會提高彼此之間的緊張關係。為什麼一個人一定要是錯的來表示另一個人是對的?為什麼需要你死我活?

競爭的想法告訴我們,一個人贏,另一個必定要輸。下棋的時候或許是這樣,目標是產生一位贏家;但是當談到事業和人生的成功時,這並不符合現實。做大事的人不會去想這些限制;相反地,他們不自我設限,這一點讓他們得以攀向其他人難以想像的高點。股神巴菲特(Warren Buffett)的成功不會因為其他人的投資策略而有上限或被限制,他傑出的投資技巧也絕無可能禁止或限制其他人為自己創造財務成功的能力。谷歌(Google)的創辦人並沒有阻擋臉書(Facebook)的誕生;微軟(Microsoft)二十年來主導市場的結果,也沒有阻止史蒂

夫‧賈伯斯用iPods、iPhone和iPads抬升蘋果（Apple）的影響力。類似情況，新產品、新概念、和這些公司過去數年創造出的成功數量並不會阻擋其他人，可能也包括你，以更驚人的重要性創造成功。

你不需要捨近求遠，這種匱乏的迷思被多數人延伸，藉由嫉妒、反對、不公平等等表現，暗示那些「贏很大」的人享有特殊待遇。媒體不斷報導工作、資金、機會，甚至時間短缺。你有多常聽到某個人聲稱「一天的時間不夠用」？或另外一個人抱怨「沒什麼像樣的工作可做」或「沒有地方缺人手」。事實上，就算有百分之二十的人失業，百分之八十的人仍然有工作在身。

關於這種「匱乏的想法」，在我住的社區也找得出例子。住在我隔壁的那位男士，碰巧是好萊塢某位頗負盛名的男演員，他是個大咖，也是位了不起的演員。在我家和他房子之間的道路經常有坑洞出現，市府似乎從來也修不好。住在街尾的另一位鄰居厚顏無恥地提議，讓「那位電影明星」把路補好，因為他一部電影就有2,000萬美元片酬。這個人對於成功的思考歷程讓我十分震驚，就因為這位男演員創造出的成功超越社區裡的任何一個人，他就應該為修補道路買單。我還在想，我們

其他人應該替他把那條路修好，因為他的存在讓我們社區更有價值！

當某位電視演員簽下一筆高額合約，人們的反應通常會說，「為什麼有人可以拿到這麼多錢」？但金錢是由人創造的、機器印製的，鈔票不會有短缺的問題，它只會使人遭受金錢貶值之苦。當有一群人認為某個人值4億美元，這對你來說應該是種鼓勵：任何事都有可能。

我發現所有或多數的「匱乏」是被製造出來的概念。公司或組織能說服你，不管你想要什麼或需要什麼，都有限量——鑽石、油、水、清新的空氣、涼爽的天氣、溫暖的氣候、能源——他們會製造出一種急迫感，以激發其他人跟他們同一陣線。

你必須去除成功在任何方面都受限的觀念。抱持這種想法行事會傷害你創造成功的能力。假設你跟我同時在爭取一個客戶，而我拿到生意，但這並不表示你就不會成功；畢竟，這位客戶不是你爭取的唯一客戶。光靠一個客戶或一個人來追求成功，會讓獲得成功的機會受限。雖然你跟我為了同一份合約在搶生意，「目光遠大，不受限制的人」將贏得數以千計的客戶，並展現成功的真正定義！

為了超越稀少性這種迷思，你必須轉念想想，其他人的成就事實上為你創造一個一樣能勝利的機會。任何個人或團體的成功對所有人和群體都有正面貢獻，它證實了成功的可能性。這就是人們之所以會深受偉大的勝利或表現啟發的原因。目睹勝利發生會激勵所有人，並且動搖我們深信「不可能」完成某事的信念。不論這種成功指的是新興科技、醫療上的突破、更高的分數、更短的時間，或併購一個事業的創紀錄價格；而且無論你是否參與其中。這樣的成就可以驗證成功不虞匱乏，而且每個人都做得到。

　　除去任何你認為成功只限於某些人，或成功有限量的想法。你和我可以同時得到我們想要的。一旦你開始去想別人的成功是你的損失，你就自我受限於競爭跟稀少性的思維。此時正是你規範你的思維，將任何成功和更多成功的可能性一視同仁的時候。接著，回到你把成功當成義務的自我承諾。這麼做可以激勵你最有創意的部分，去找出解決方案及方法，創造你專屬的巨大成功。

練習

請你列出某個成功有限量的範例。
_____
_____
_____

所謂的匱乏實際上怎麼產生的?
_____
_____
_____

成功匱乏這件事並不存在,真正缺少的是什麼?
_____
_____
_____

第六章

做自己的主人

我本來想把這一章叫作「別當個討厭鬼」,但我決定收斂一點,免得冒犯任何人。在出版我上一本書《想要成交,拿出你的口袋名單》(If You're Not First, You're Last)之後,我一直試著把這個標題放進書裡。我還是很鍾愛它,想把它放在某個地方。我認為它非常適合本章,因為本章的主旨就是要討論那些愛抱怨、碎碎唸,和擺出受害者姿態的人,他們對於如何帶來或創造成功這一點表現差勁。這不是因為他們能力不足,而是通常人們會成功,需要他們採取行動——如果你不願意負責任,就不可能做得了大事。要是你把時間都用來找藉口,當然不可能成就某些好事。

你得知道,我已經說了無數次,成功不會從天而降,它的到來是因為你和你付出的行動。那些拒絕承擔責任的人們,通常在採取行動方面沒做好,自然在成功的競賽中做得也不好。成功的人能承受相當高程度的責任,所以能為自己創造並達到

成功,即便無法達到目標也是如此。成功者討厭怨天尤人,他們寧可去促成某件事,不管好或壞,而不是放任事情自己發生。

那些以受害者自居而深受折磨的人——據我粗略估計,這些人大約占總人口的五成——會很討厭這一章,他們會挑本書來看可能純屬意外。任何人若對於某件事的發生或沒發生怨天尤人,永遠不可能在生命中累積真正的成功,他或她身為這個地球上的奴隸這種狀態只會更加延伸。把成功與否的控制權交到他人手上的人們,永遠無法掌握自己的人生。如果你無法接受「控制」對競賽的理解、過程及結果的必要性,那人生中沒有一項競賽會饒富樂趣。那些擔任受害者角色的人永遠缺乏安全感——因為他們選擇把責任交到其他人手中,因為他們選擇不去了解自己能做什麼。對未來的結果他們從來也不想負責,只會說「我是個可憐的受害者,壞事總會發生在我頭上,我也沒辦法。」

要達到你可望的人生境地,你必須接受這個看法:無論你的世界發生了什麼——好的、壞的,或什麼事也沒發生——這都是你造成的。我確保一切發生在我身上事物的控制權,就算是那些看起來並非我所能控制的事也一樣。無論我能否掌控,

我仍然選擇要求責任和控制，從今以後，我就可以做某些事來改善我的狀況。舉例來說，假使我的社區停電，與其責怪市政府或州政府，我會看看我能有什麼不同的做法，讓下次再發生的時候不會有負面影響。不要把這種作為和那種有強迫控制慾的人混淆在一起；相反地，它只是簡單的一個高層次、良好的責任感，對我而言是一種創造有效解決方案的方法。實際上，斷電這件事跟我一點關係也沒有，或許只是因為太多人在同一個時間用電、熱浪、氣候、地震，或某種東西碰撞到變壓器所導致。我按時付電費，現在我沒電、沒暖氣可用，連燒個開水、冷藏食物，或用電腦都沒辦法。一直抱怨也不會改變任何狀態，但是，因為成功是我的責任、義務與職責，要我就此轉換心態並不容易。如果你沒有燈光、暖氣，保存完好的食物，你很難認為自己是個成功的人。

當我開始肩負並提升我對這種情況的責任，我或許就能想到未來的解決方案。你八成已經想到那是什麼了。這些情況發生在我身上不是因為斷電，而是因為我沒有備用發電機。這不是因為運氣不好，或規劃不良，而是把責任交到他人手上的後果。別當個討厭鬼：去準備一部發電機。哦，但是發電機要錢！不過，斷電三天，沒辦法照顧好家人的成本更高。一旦你

決定要拿回控制權並提升你的責任，你就會開始尋找成功地解決方案，來讓你的生活過得更好！

要抱著所有事情都是我讓它發生的態度，來確保控制權及增強責任感，包括那些你從前認為不在你控制範圍之內的事。不要假定事情就是註定發生在你身上，相反地，它們會發生，是因為你做了或沒有做某件事。如果你認為勝利該歸功於自己，那麼失敗也一樣！提升你的責任等級，會自然而然增強你找到解決方案的機會，和為自己創造更多成功的能力。怨天尤人只會更加延伸你作為受害者和奴隸的時間長度。擔負起責任能讓你開始檢視你能做些什麼，來確保負面事件不要發生，才能改善你的生活品質，降低那些看似隨機的不幸事件。

假設有個人從後面追撞我的車。很明顯地，錯在那個人。雖然我會對他或她生氣，但我最不想做的就是把自己當成受害者。糟透了！「看看我發生了什麼事⋯⋯噢，我真悽慘⋯⋯我是個受害者。」你會因此而拿到一張名片，或舉辦某個電視宣傳活動，然後對著社會大眾說這些話，好聚集人們的尊敬和注意？當然不會！一旦你決定過著創造一種充滿成功的人生，絕對不要再扮演受害者的角色。相反地，去想想如何降低那些對你造成不便的事件，像別人追撞你的車這類事情永遠別再發

生。

「十倍勝法則」指的是長期持續採取大量行動。為了讓好事情的發生更頻繁，你沒辦法表現得像個受害者。好事情不會掉到受害者頭上，只有壞事情才會，而且是經常，只要問問他們你就會知道。那些習於扮演受害者的人會很樂意一遍又一遍的告訴你，他們人生中那些不好的遭遇和不幸，跟他們自己一點關係都沒有，這輩子一直不斷地打擊他們。這些受害者的人生有四個共通點：(1)壞事發生在他們身上；(2)壞事常常發生；(3)他們總是被連累；(4)永遠都是其他人或其他事的錯。

成功的人抱持相反的觀點，你該效法他們。發生在你生命中的每件事情都是你自己造成的，而不僅只是某種外部力量所致。如果你這麼想，將促使你開始找尋方法跳脫現狀，掌控自己，不讓壞事再「發生」在你身上。每次只要有任何不愉快的遭遇或事件發生之後，問問自己，「我該做些什麼來降低這些事情再發生的機會，甚至永遠不要再發生？」回到我先前提過那個被追撞的範例，你有非常多的方法，可以避免自己被一個心不在焉的駕駛從後面追撞。比方找一個司機、早些或晚些出門、上個星期就把那個案子結掉、選擇不同的路徑——或成為一個重要人士，於是你的客戶會開車來見你，而不是你去見他

們。

　　在繼續下去之前，先讓我試著轉換一下你的思維。許多人同意這個想法：你會把最關注的人、事、物拉到你生命中。許多人可能也會同意，他們只運用到自己一小部分的理解力和心智。那麼，有沒有這種可能性：你做了某些決定，而在你下決定之前自己可能都沒意識到，就某種意義上說，你製造了那個預期中的意外，這麼一來你才有人可以怪罪？就算只有一點點微弱的可能性，都值得好好徹查一番！要知道，你必須在那個剛好的時間點出現在那個地方，才會剛好碰上那個意外。其他數千人都不在那裡，但你在。你剛好就在那個精確的時間點跟某個人產生關聯，在幾百條街道中那一條，那個確切的地點，剛好的時間，而你就剛好出現在那麼一個心不在焉的司機面前，被他的車從後面猛撞。當壞事發生在好人身上，我跟你保證，跟這些好人的關係比他們該負的責任更大。

　　要是你早一點點離開，應該就能避免這起假想中的意外。如果你用任何不同於現在的速度開車，就不可能連結的這麼剛好。要是你選擇其他任何一條路，這件事就不會發生。聽起來扯得太遠？這件事是個意外，還是運氣不好？或許你只是個受害者，註定一輩子倒楣和不幸。當整個宇宙一直在打擊你，而

且沒有好轉的跡象，或許你該好好想想，這些事會發生並不光是因為運氣和巧合，而是你和發生的事情有某種關聯——要不然事情不會跟你有關。記住，雖然它只是「可能」發生在你身上，但它的發生絕對是因為你。雖然你可能不想在警察的事故報告上為這起意外負責，事實上，保險公司會加諸一個懲罰在你身上，無論是誰的錯。記住一件事：任何時候你為了表現自己是「對的一方」而扮演受害者角色，你等於接受了自己的受害者形象，而這並不是好事。如果一個人無法擺脫受害者的角色，他或她不可能找出解決方案和成功，這個人只會遇到問題。

一旦你開始用一種主動的方式去看待每個情況，而不是被動反應，你會開始對你的人生有更多的掌控。獲得（或沒有獲得）成功，我相信，是你自己所做的跟想的之直接後果。你是來源、是產生器、是起源，和一切事情發生的原因——無論好事或壞事。這樣說不是為了簡化成功的概念，但是在你決定要負起一切事情的責任之前，你八成不會採取必要行動來超越當下情況。不管怎麼說，如果你什麼都想要，那麼你當然得承擔所有一切的責任；否則，你將浪費許多潛在的十倍精力找藉口，而不是獲益。

相信成功是天上掉下來的，或認為它只會發生在某些人身上這種想法是個迷思，也是謬誤。我知道我所建議的方法可行，因為我就是用這種方法累積自己的成功。我並不是在一個特別優渥的環境下長大，沒有人脈認識到那些「對的人」。我成立公司時沒人給我半毛錢，也不比其他人更有天分；然而，我做到了累積財務上、身體上、精神上和情緒上的成功。多數人們難以想像這些會發生在我身上，這都歸功於我願意採取大量行動，主導控制，並且願意對人和結果負責任。無論是罹患感冒、胃痛、車子壞掉、錢被壞人偷走、電腦當機，甚至停電，皆由我掌控和負責。

我一直到真心相信所有事情並非發生在我身上，而是因我而發生，才開始運用「十倍勝法則」。某個人曾說過，「無論我去哪裡，我就在哪裡。」這個小小俚語暗示了我，我自己不但是問題，也是答案。這個說法把我自己定位成人生中的結果，而不是個受害者。我不允許自己為了替遭遇到的困境找一個解釋，而歸咎任何人或任何事。我開始相信，雖然對於發生在我身上的事我不總有置喙餘地，對於該怎麼回應我卻能有選擇。成功不僅是個「旅程」，雖然無數的人們和書籍這樣告訴你，相反地，它是在你的掌控和責任下的一種狀態，無論穩定

與否。你要不就創造了成功，要不就沒有，而且成功不會屬於那些愛抱怨、吵鬧或自以為是受害者的人。

無疑地，你身上一定有些天分，有些未被開發的潛能。你與生俱來具備對追求卓越的渴望，也很清楚，成功永遠不嫌多。提升你的責任等級，承擔一切事物的掌控，隨時謹記，沒有什麼事情是剛好發生在你身上，它們是因為你而發生！而且要記住，「別當個討厭鬼」。

練習

在你的人生中,你想承擔對什麼事物的掌控權?
_____
_____
_____

成功並不是發生在你身上的某件事,它是_____
而發生的。寫下三個範例,你讓成功發生,並非成功掉在你頭上。
_____
_____
_____

受害者的人生中有哪四個共通的元素?
_____
_____
_____

第七章

行動的四個等級

這些年來我常被問到一個問題:「我到底該採取多少行動才能創造成功」?每個人都想找到祕密捷徑,這是意料中事;而答案也不令人意外:捷徑並不存在。你做得越多,獲得突破的機會越大。和其他所有事物集合起來相比,紀律、毅力、持續不斷地行動更是創造成功的決定性因素。搞懂如何計算並採取正確數量的行動,比你的概念、點子、發明,或商業計畫都更加重要。

多數人會失敗,只因為他們採取的行動等級不正確。為了簡化行動這件事,我們將你的選擇細分成四個簡單的行動類別或等級。這四種選項如下:

1. 什麼也不做。
2. 逃避。
3. 採取普通程度的行動。

4. 大量行動。

在我詳述每一個選項之前，你必須先了解一點：每個人都會在人生的某些時刻，運用這四種不同等級的行動，特別是當他們在回應人生不同面向的時候。舉個例，你可能會在事業方面採取大量行動，但是在公民義務和責任方面完全逃避。另一個人對社群媒體可能什麼也不會，甚至退縮。還有一個人可能對於健康飲食和運動採取普通程度的行動，但是對於毀滅性的習慣卻戮力以赴（採取大量行動）。人們顯然會在他或她投入最多注意力和最努力的領域做得最好、最擅長。

很可惜，這個地球上的多數人把時間都花在第一到第三級：什麼也不做、完全逃避，或只是採取普通程度的行動。前面兩種行動等級（不做和逃避）是失敗之母，而第三級（普通等級）最好的情況也不過就是創造出平凡。只有那些最成功的人會想到用我所說的最大量等級行動。讓我們來分別看看這四種等級的意義，以及你在不同面向和情況下選擇它們的原因。

第一級行動

「什麼也不做」就像它聽起來那樣：不再採取任何行動進一步去學習、成就，或掌控某些領域。那些對他們的事業、人際關係，或他們想要的其他事物什麼也不做的人們，或許已經放棄他們的夢想，對當前一切近乎照單全收。儘管聽起來是那樣，別以為什麼也不做就不需要任何的精力、努力和工作！無論你採取哪一種等級的行動，它們都有各自必備的投入。什麼也不做的跡象包括：表現出無聊、萎靡不振、自滿、漫無目標。這一組裡的人常常會把他們的時間和精力用在合理化自己的狀態――它需要的力氣跟其他的行動等級沒什麼兩樣。

早上鬧鐘一響，這群「什麼也不做」的人根本不予理會。雖然他們看起來什麼也沒做，但其實一大早必須耗費很大功夫才能賴著不起床。需要費些精神才有可能因為生產力不足而丟了工作。需要花一些功夫，才能成為升遷名單中的遺珠，等一年後才有機會被考慮，而且必須回家向你的另一半解釋為什麼沒升官。被當作一個不被重視，薪資過低的員工，得花巨大的力氣在這個地球上生存，需要更多努力把這一切合理化。那些什麼也不做的人，必須為他或她自己的情況找藉口，這可需要了不起的創意跟努力。那些什麼也不做，以致於無法得到的交易比成交的多的業務人員，必須對自己、對另一半、對他們的

上司解釋為什麼達不到業績。有一點很有趣，那些在他們生活中某個方面什麼也不做的人，其實會花時間去做他們喜愛的事情。那些他們會採取大量行動的事情，可能是線上撲克牌、遊戲、騎單車、看電影、看書等等。無論是什麼，我跟你保證，他們會把全副精力和注意力放在生活中的這些領域。什麼也不做的那些人會對親朋好友表示，他們很快樂，心滿意足，一切都很好。這麼說只會讓每個人感到困惑，因為明擺著事實，他們並沒有發揮全部潛能。

第二級行動

「逃避者」是那些採取相反行動的人，或許是為了逃避他們預設採取行動之後將產生的負面經驗。逃避者通常化身為「懼怕成功」現象。他或她通常經歷過不盡理想的結果（或是他或她自己認為不夠理想），因此下定決心未來不再採取行動以免重蹈覆轍。就像那些「什麼也不做的」的人，逃避者將他們的反應合理化，相信維持當前的等級最符合他們的最大利益。逃避者聲稱他們這麼做是為了避免更多的拒絕或失敗；但是影響他們的，幾乎從來不是真正的拒絕或失敗。通常，只是

他們對失敗或拒絕的印象或評估促使他們逃避。

就好像什麼也不做，逃避也是一種需要努力和付出的行動。看看任何一個健康的孩子，你會發現逃避不是正常的人類行為，相反地，進取和克服才是。通常逃避是不斷耳提面命後的結果。我們之中很多人曾經在孩提時代被指示「別碰那個」還有「小心」、「別跟他說話」、「離那裡遠一點」……等等，我們就開始把逃避當作行動。我們似乎常常從我們最好奇的事物旁被拉開。儘管這是大多為了我們好，保護我們安全，但是「逃避」很多年之後要再反彈會有點難度——這可能是為什麼很多人後來很難嘗試新事物的原因。我們還很可能被同事、朋友，或家人給勸退很多事情，他們認定我們「野心太大」，或太過專注於生命中的某個面向。

無論這些逃避者和他們的目標背道而馳的原因是什麼，結果通常是一樣的。我可以想像所有正在讀這段的人都認識這類逃避者，或許你還會發現自己在人生的某些領域也相當退縮。只要是你認定自己無法再進一步或改善；同時你決定「自己再也做不了什麼」的任何面向，都可以被視為逃避行為。「股市爛透了，我永遠不會再投資」——逃避。「多數婚姻都以失敗收場，我決定維持單身」——逃避。「演藝界太競爭了，我這

輩子還是當個服務生就好」——逃避。「就業市場很糟糕,沒有公司在徵人,我正在申請失業救濟」——逃避。「我無法控制選舉的結果,所以我連投票都不去了」——逃避。注意!這些情節都有一個共同點:它們仍然需要你採取某種行動,就算只是作一個抉擇而已。

選擇逃避的那些人必須花很多時間去解釋自己為什麼逃避。通常跟這些人沒什麼道理好講,因為他們常會完全說服自己,他們只是為了求生存。接著他們會花同樣的力氣解釋自己決定逃避的理由,就像最成功那些人會花力氣創造成功一樣。對這些逃避者,你能幫他們做的最好的事就是給他們這本書,讓他們可以去辨識出自己是個逃避者。一旦人們看到四種等級的行動,了解到每一種都得花力氣,他或她可能會開始作其他比較好的決定。畢竟,如果你不管怎樣都得花力氣,為什麼不往成功的方向做?

第三級行動

採取普通等級行動的人,在現今社會裡或許是最普遍的。表面上,這群人採取必要程度的行動,而且是「正常」的一

群。這種等級的行動創造出了中產階級，但事實上他們是最危險的——因為人們覺得能夠接受它。這群人窮極一生採取足夠的行動來表現得普通，創造一個普通的生活、婚姻和事業；他們做的事從來都不足以創造成功。很可惜，大部分的勞動人口只採取普通等級的行動；正是那些經理級、管理階層和公司，他們從眾而非出眾。儘管這群人當中有些成員偶爾會試著表現優異，他們幾乎從來不曾以特別的行動量去創造任何事物。他們的目標就是普通：普通的婚姻、健康、事業和財務。只要做到普通，他們就滿意了。只要情況保持穩定並且可預期，他們不會為他人或自己找麻煩。

然而，一旦市場情勢受到負面的影響，也就是比普通情況要差，這些人們將突然了解到自己身處風險中。把任何一種嚴重的變化加諸於這些只採取「普通」行動的人身上——而這點一定會在某個時點發生——一切都會改觀。人們遭遇到某種狀況而考驗他的生活、事業、婚姻、生意或財務，這種情況並不少見。要是你一向只採取普通行動，你會更容易受這些迎面而來的挑戰所影響。任一種日常事件、財務狀況，或壓力大的經驗，都可能背離你一輩子典型的「可接受」等級之行動，導致程度嚴重的壓力、不確定與傷害。

依照定義，「普通」是指「不特別」的表現。以某種程度來說它的確如此，它只是逃避和不行動的替代說法。對一個清楚自己行為的真正潛力，卻一直未發揮的人來說，它甚至考慮到負面的心靈效應。那些採取普通行動但能力遠高於此的人們，的確選擇跟什麼都不做或逃避有所差異。

對自己誠實點，你的活力和創意比你用到的要更多嗎？作為一個普通的學生、普通的婚姻、普通的小孩、普通的財務、普通的事業、普通的產品、普通的體型……誰真正渴望「普通」？想像一下我們平常很想購買的那些產品和服務，在促銷廣告中倘若如此使用「普通」這個詞：「這個相當普通的產品可以用普通的價格買到，並帶給你平凡的效果」。誰會買這樣一個產品？人們通常不會特別努力去尋找與購買這種不起眼的商品。「我們提供的烹飪課程，保證讓你變成一個普通的廚師。」用不著上課我也做得到吧。「新電影本週末上映──普通的導演、普通的演技，影評一致：『兩小時的普通動作。』」喔～我真迫不及待想排隊買票去看！

採取普通的行動是各等級中最危險的，因為它被社會接受的程度最高。這種等級的行動被社會大眾所認可，以致採取非普通行動的人，得不到需要的注意幫他們躍向成功。許多公

司常常請我去幫助組織裡那些表現比較不好的人，但他們忽略關注那些仍然只採取普通行動，表現普通或頂尖的人。本書或許很可能去喚醒那些「普通」行動者，而不是那些什麼也不做或逃避者。因為什麼也不做的那些人，甚至一開始就不會花力氣去買這本書；而逃避者可能連書店都不會踏進一步。那些採取一般或普通等級行動的人會買這本書——老天保佑，希望他們能夠從迷惑中警醒。一個人只有從第三級行動晉升到第四等級，才能將普通的存在扭轉成為精彩的人生。

第四級行動：大量行動

儘管聽起來可能遙不可及，大量行動對我們所有人來說是最自然狀態的行動。看看孩子們，他們總是停不下來，除非他們有哪裡不對勁。我的人生前十年就是如此，除了睡覺之外，我總是不斷地大量行動。就像多數小孩，我隨時用盡全力，人們總皺起眉頭暗示，或許我該稍微收斂一點。你覺得似曾相識嗎？你是不是也這樣對待自己的孩子呢？

在大人開始制止我之前，我只知道大量行動。即便是我們居住的宇宙中最基本的元素，也支持巨量行動。若你潛到海面

之下，你會看到持續且大量的活動不斷發生。就在你行走的地殼表面之下，有巨大且未曾間斷的活動。若你往螞蟻窩或蜂巢裡面去看，你會看到一群生物為了生存正在進行大量行動。在這些環境中你看不到逃避、停滯不動，或任何可以被稱之為普通行動的表現。

家父非常認真工作，而且相當嚴謹，他肯定願意採取大量行動。很不幸，他在我十歲的時候去世，這對我是個重大打擊。回首當年，我才發覺到這個事件立刻讓我開始逃避人生中需要行動的面向。同時，在那些不應該得到我關注的面向，像藥物、酒精，和其他一長串清單中無意義的活動，卻耗費大量精力。這情況一直延續到中學，接著大學，一路走來我不斷失去更多。我不斷逃避那些對我有益的事情，並且持續專注在有害的領域上。並不是我很懶惰或是缺乏動力，我只是沒有正確的方向，對如何戰勝人生的理解錯誤。

這段時間，我多數時候無所事事、漫無目標，生命中那些無法產生建設性結果的事情，吸引我耗費許多精力。我認為多數人在他們生命的某個階段也會有相同遭遇，我只是碰巧早些遇到。

在前面一章提過，二十五歲那年我被一記強力的警鐘點

醒。我知道自己如果不轉換方向，就必然得付出終極代價。我決心對自己許諾要創造成功。既然我一直專注在不會成功的事物上，我只要改變重點就好。雖然父親已經去世十五年，他仍然是我很好的榜樣。他相信強烈的工作道德，為了讓家庭溫飽，他什麼都願意做，把追尋成功當作義務和天職。我確定他滿意伴隨他成就而來的財務報酬和個人成就感；不過，我很清楚，他認為這是他對家庭、教會、他的名聲，甚至上帝的責任。只是他的時間不夠用！

等我終於從那段迷失和被誤導的期間警醒，我把所有的能量都投入到事業上。二十五歲後我做對的一件事——無論是我的第一個業務工作，或我創立的第一個公司——就是用大量行動處理手上每一件事情。這絕對不是逃避、無動於衷，或普通等級的行動；它是持續的、堅持不懈的，瞄準目標火力全開。

大量行動事實上是一種會製造新問題的行動等級——只要你還沒有製造問題，你就不算真的運用第四等級行動。從二十九歲開始研討會事業起，我採取「十倍勝法則」替自己打知名度。我每天早上七點開始工作，一直到晚上九點才回飯店。我花一整天的時間打促銷電話給公司行號，提議對他們的業務和管理團隊做簡報。我一天拜訪高達四十家公司行號。還記得

在德州的艾爾帕索———一個我從來沒去過，沒人認識我，我也不認識別人的城市。兩個星期之內，我拜訪了市場上所有的公司。雖然我沒能成功地把所有公司變成我的客戶，但採取大量行動肯定比沒這麼做鞏固了更多生意。

某位房地產經紀人曾跟著我出差，實地觀察我如何讓業務成長。在我身邊觀摩了三天之後，他承認，「我沒辦法像這樣再跟著你多度過一天，光是跟著你跑來跑去已經使我累壞了」。我把每一天過得好像生命全靠我採取的行動而定。在我知道自己已經用盡全力跟所有的事業夥伴見面之前，我拒絕離開這個城市。沿街「拜訪」公司行號，比我曾有過的其他行為教我更多關於採取大量行動的好處，在我其他諸多冒險中，也已經證明了它的價值。

一旦你採取大量行動，你不會去想工作了多少時數。當你開始採取第四級行動，你的心態將隨之改變，結果也會改變。到頭來你會檢視哪些是你早該處理，或可晚些處理的機會。和你在「普通」日子不同，一個例行的一天在過去來說一點也不普通。我持續投入這種大量行動，直到有一天它不再是一種特殊行為，而成為一種習慣。很有意思，有許多人問我「你為什麼還是工作到這麼晚？」「你為什麼會在星期六打電話給我

們？」「你永遠不會放棄，是嗎？」「我希望我的員工像你這樣努力工作」。甚至還有──「你正在忙什麼？」我是在忙某些事；我把成功看成是我的職責、義務與責任，而大量行動是我的祕密武器。你採取大量行動的徵兆，就是當人們批評或尊敬你的行動等級。

然而，當你採用這種行動等級時，不能老是期望得到他人的稱讚，或你的工時有多長，或能賺多少錢。相反地，你必須把每一天過得像你的生命和未來就依賴你採取大量行動的能力。我第一次創業時，下定決心非讓它成功不可，沒有其他路可走！如果我希望人們知道我，知道我代表的是什麼，那麼我就必須努力行動，就是這樣。競爭不是問題，默默無聞才是。根本沒有人知道我是何許人，這一直是我打造的每個事業中遭遇到的最大一個問題，我想多數創業家會面臨同樣的問題。人們不認識你，或你的新產品──從無名小卒闖出名號的唯一方法，就是採取大量行動。當時我沒有錢投資在廣告上，所以花費所有精力打電話、寄傳統信件、寄電子郵件、撥促銷電話、回覆電話、登門拜訪，然後再打更多電話。這種等級的大量行動聽起來可能──也確實──有時候很累人。然而，它或許比你所獲得的任何教育或訓練，能為你創造更強的確定性和安全

感。

因為我對行動的投入，得到多種不同的稱呼——工作狂、強迫症、貪婪、永遠不滿足、執著，甚至瘋子。但是每次只要我被貼上標籤，貼標籤者總是那些行動未達到第四等級的人。我從來沒遇過任何比我更成功的人認為我的超量行動是件壞事——因為成功的人有過親身經歷，知道達到這種成功必須投入什麼。他們知道該如何到達他們想去的地方，而且不管怎麼樣都永遠不會把大量行動看成是一件討厭的事。

採取大量行動表示做了某種不合常理的選擇，並且用更多的行動去追蹤後續。某些人會認為這種等級的行動幾近瘋狂，超越普通人認知的社會常態，而且總會製造出新的問題。但記住：你若沒有製造出新的問題，那麼你就不算採取足夠的行動。

一旦你開始採取大量行動，被其他人批評或貼標籤是意料中事。從你行動的那一秒鐘開始，你將立刻被一般大眾批判。以其他三種行動等級生活的人會受到你的行動等級之威脅，他們通常會讓你的做法看起來似乎是「錯誤」，來顯示他們的「正確」。這些人無法忍受看到其他人達到如此的成功等級，將會盡其所能去阻止。一個理智的人會跟你的等級看齊，而一

個平庸的人會告訴你，你在浪費自己的時間，這在你的產業不可行、你的客戶不喜歡這樣、沒有人想要跟你共事，以此類推。就算是管理階層偶爾也會勸阻員工採取這類大量的行動。當你(1)為自己製造出新的問題；(2)開始收到其他人的批評和警告，你就知道自己已經踏入了大量行動的範疇了。堅強點，這種行動會讓你脫離向來被教導接受平庸的被催眠狀態。

而且，為了能夠到達那種等級的大量行動，你必須抓緊每一個到你面前的機會。舉個例，內人是演員，我總告訴她每次試鏡機會都要接受，無論她是否有準備，或是否認為這角色適合她。與其完全默默無聞，不如演不好但被看到！「那要是我失敗了怎麼辦？」內人問我。我告訴她，「好萊塢到處都是差勁的演員，但還是可以演」。或許他們不會選上妳去演你爭取的角色，但會看看你是否是其他角色的完美人選。目標是被注意到、被想到、被考慮——用某種方法。你唯一的問題就是默默無聞，天分不是問題。為了要讓你所選擇的方向可行，必須持續不懈的努力。大量行動對你永遠沒有害處，它只會幫助你。這也是數量之所以比品質更重要的一點。金錢和權力跟著關注焦點走，所以不管是誰，能夠得到最多關注的人，遲早會得到最豐碩的成果。

沒有人會跑到你家幫助你美夢成真。沒有人會前進到你的公司，讓你的產品聲名遠播全世界。為了出類拔萃，為了讓客戶甚至只是考慮到你的產品、服務和公司——你必須採取大量行動。在我的上一本書《想要成交，拿出你的口袋名單》（If You're Not First, You're Last）中，我提過征服某件事的重要性。我指的不是實質上的征服，而是心態上去占據一般大眾的思維——這麼一來，當人們想到你的產品、服務或產業，他們想到的是你。把大量行動變成紀律，能突破你默默無聞的狀態，提升你的市場價值，幫助你在你選擇的面向創造成功。

練習

在人生中，你採取大量行動而勝利是哪一次？
_____
_____
_____

你採取大量行動的時候會立即創造什麼？
_____
_____
_____

你認為那些不採取大量行動的人，會對大量行動的人說什麼？
_____
_____
_____

一旦你開始採取大量行動，有什麼其他事情會發生？
_____
_____
_____

第八章

「普通」是失敗的配方

環顧四周,你很可能會看到一個充斥著「普通」的世界。雖然,這是我先前提過的,一個「可接受」的中產階級所打造的行動等級,然而有越來越多證據顯示這個思維行不通。工作被移往海外、失業的情況變得更加普遍。中產階級這群人自身難保,人們的壽命比他們的存款活得更長久,就是因為這些普通的產品、普通的管理、普通的員工、普通的行動,和普通的思維,公司和產業正在消失中。

這種「沉溺於普通」可能會抹煞掉讓你美夢成真的可能性。想想以下的統計數字:勞工每年平均讀的書不到一本,每週工時平均37.5小時。相對的,這位勞工賺的錢不到美國頂尖執行長收入的1/319,後者每年讀的書超過六十本。許多這些財務上成功的管理高層因為他們是肥貓而惡名昭彰;然而,我們時常忘了去尊敬這些人付出過多少努力,才達到今天的地位,雖然他們表面上看起來並不總在努力工作的樣子。我們通常會遭

忘一些事實,不管怎麼說,他們仍然有辦法就讀對的學校、建立好的人脈、做必要的事,如此才能攀到食物鏈頂端。這需要他們那端的大量行動。如果你想的話,你可以討厭他們,但討厭他們不會改變他們因為獲得成功而被獎賞的事實。

2008年經濟大幅衰退之後,星巴克(Starbucks)創始人霍華·舒茲(Howard Schultz)開始做美國幾乎所有執行長都會做的事情——撙節開支,撤掉不夠賺錢的營業點。但接下來他做了多數執行長不會做的事:前往全國各分店與星巴克的老顧客面對面。在普通的工作者早就下班回家之後,億萬富翁舒茲拜訪這些分店,跟喝咖啡的人聊天,想找出星巴克該怎麼做才能讓顧客更滿意。雖然在這方面媒體沒有太多著墨,但它的確是個相當令人讚嘆的事件。這個人特意在晚上九點鐘走遍全國各地,從購買他們產品的顧客身上得到回饋。這是個經典的範例,告訴你抱持「比普通更偉大」的思維和行動過程。這很明顯地超越市場和任何顧客的期望,它遠超過任何一個執行長所認知的普遍行為。而星巴克相當穩健和強勢的成長,也反映在它的股價上。

這家公司製造的產品對人們來說並不是「必需品」——特別是在困頓的經濟情況下。沒想到星巴克的品牌和投資報酬卻

持續熱賣與成長。這顯示，一個產品的品質固然重要，但是為這個公司效力的團隊才是真正差異所在。舒茲很清楚該如何應對這種情況。

儘管經濟蕭條，儘管消費暫時緊縮，他還是有辦法「擴張」他的公司——不見得是更多分店，而是運用個人的活力、資源和創意去採取大量行動，訪視每一家分店和許多忠實顧客，提升他的品牌能見度和收益。

只要有一絲接受「普通」這種想法，你遲早會失敗。任何事，只要是標準行動等級，便不可能幫你心想事成。標準等級的行動，也就是大多數人們所採用的，並沒有考慮到各種不同力量的效果——例如嚴重性、年齡、抗力、時機和不可預料的事情。當普通行動遭遇到抵抗、競爭、損失或缺乏興趣、負面或艱難的市場狀況，或以上皆是，你會發現你的計畫搖搖欲墜。

最後，我希望你能考慮到其他個人或團體想要妨礙你的努力。雖然我不是那種疑神疑鬼或活在恐懼之中的人，當一群自稱希望我成為他們合夥人的人接近，我得到的昂貴教訓是這些人的確存在。事實上，他們從來沒打算讓我成為合夥人，而是一開始就想把我人生中創造的成功搶走。我怎麼算也沒有算到

這一點，但它確實奪走我努力好些年的成果。所以，記取我的教訓——你無法計劃到每一件事情，而且人們會想從你身上竊取他們自己無法創造的東西。

當我回首過往，試圖分析這些惡人是怎麼辦到的，我發現，因為我不再遵循「十倍勝法則」，所以很容易被他們的說辭打動。這件事的確讓我張開雙眼看清事實：當我高掛起我的桂冠，以為自己可以「放鬆一下」——我讓自己成為一個被攻擊的目標。要計劃到每一件事情幾乎是不可能的。在你的一生當中，你會經歷到非比尋常的狀況，有些可能是惡意和不愉快的。最好的計畫就是運用「十倍勝法則」調整你的思維模式，和你的行為，來取得極大的成功，這樣就沒有一個人或事件，或一連串的錯誤會擊倒你！任何事的普通等級將會讓你失敗，或至少讓你暴露在風險之中！但是，從另一方面來看，遵循十倍勝法則會使你創造比你想要或需要的成功更多，永遠讓自己準備好——就算那些自己無法成功的人想把成功從你身邊搶走。

雖然我已經擁有旁人認為很了不起的多年成功經驗，我打從心底知道我已經停止大量行動。果然，這些傢伙從我身上剝奪了一些我的成功，而且還能不被發現。這是個相當昂貴且讓

我慚愧的挫折——但是它真的點醒我，使我發現一個事實：降為普通等級的投入和活動是不安全的。一旦你這麼做，我跟你保證，你擁有的和夢想的事物將開始消失。這對你的健康、婚姻、財富，和心靈狀態都適用。「普通」只會讓你得到——普通。

看看普通的思維行動給你什麼——普通狀況可能很快演變成巨大問題。要是你的壽命比存款多上二十年？我們之間有許多人必須負責照顧家庭其他成員，因為他們不具備十倍勝心態，或依十倍級數過生活。那麼遇到長期健康問題，或某種意料之外的緊急財務狀況可能性有多大？面臨長期經濟艱困或長達數十年失業，只做普通等級之財務規劃的人怎麼應付？「普通」是個失敗的計畫！

「普通」在人生的任何面向都不可行。任何事物，如果你只有普通程度的關注，終會開始消褪，直到不復存在。公司、產業、藝術家、產品和個人，能夠持續不斷成功、邁向未來的，是對任何行動抱持「普通」還不夠好這種觀念的人。你必須改變你的投入和思維，遠遠超越任何「普通」之上。我保證，一旦你開始這麼做，會立刻影響你人生的其他面向。你的朋友和家人會開始改變，結果會更好，你會發覺自己越來越幸

運，你可能會覺得時間過得很快，而你採取的行動將開始改變你跟人們的關係。

「普通」也是多數新公司失敗的原因。一群人聚在一起，有很棒的想法，撰寫商業計畫，創立公司，以為將來一切都會朝他們的預期發展。他們可能還會建立一個自認為保守的預測。「假設我們把產品展示給十個人看，至少必須賣掉三套，這既保守又實際。」這時候群體裡有個人說，「為了安全起見，我們把它減半。仍然可行？」他們認為，就算基於保守預測，仍然會成功。但是他們沒有正確評估，必須打電話給多少人才能得到一開始的這十次展示。就算是全世界最棒的產品，可能也要打一百通電話才能得來十次會面。只因為你把計畫的下一步完全事先規劃好，並不表示世界上其他人都要配合你。他們對自己的時間表，他們的產品，和他們的計畫也有自己的承諾要遵守。光是得到機會見到對的人，已經需要無盡的努力和堅持。多數人在建立他們的商業計畫時，是奠基於普通的考量和思考方式，而不是幫助他們突破所需要的大量行動。

當新的想法湊在一起時，他們受到這些發想者的興奮和熱忱所影響，許多比較負面的考量，好比競爭、經濟、市場狀況、製造、貸款、募資、你的顧客對其他計畫的想法，諸如

此類，都是用所有人認為的正常或普通的困難度去思考。接下來，一旦發現樂觀預測並不實際，連最保守的目標也無法達成。比方一個具關鍵地位的合夥人可能病倒了，經濟環境產生劇烈變化，或某些全球事件的發生，在未來六個月轉移所有人的注意力。與這個新商業活動有關係的人熱情開始消褪、爭執接二連三發生，當情況開始變得比原始的想像更困難，失敗的可能性變得越來越大。合夥人投入的資金比任何人的預測更多，而且還沒半毛收入。其中一個追夢人開始有了二心，懷疑他是否應該棄船而逃。因為其他人在心態上、情緒上或身體上，似乎沒打算要採取必要的大量行動來突破市場的阻力。

我們就這個情節再繼續往下看。為了解決收入問題，這群人當中會有人試著向朋友週轉或募集資金，此時他們會遭遇到更強的阻力。對多數人來說，為了度過難關必須採取「不合理」程度的十倍勝行動，並不在商業計畫中，這麼做難度會越來越高。合夥人開始相信，相較於提高行動量，他們的公司更強烈需要籌資，因為他們並沒有正確地估計，為了持續前行必須採取的十倍勝等級思維和行動。

普通的人會假設——當然，這是不正確的——每件事都會穩定運作。人們過度樂觀地預測事情會如何順利發展，低估了

光是推動事情即需要多少精力和努力。任何事業成功的人都會同意這個想法，你就是不該自我訓練或準備應對普通程度的抗力、阻力、競爭和市場情況。思維不能普通，要遠大。比較一下你的行動：你每天必須揹著一千磅的後背包，走在風速每小時四十哩，傾斜度二十度的斜坡上。準備更多，堅持行動，你就會贏！

很多事業會失敗，是因為他們沒辦法用足以維持公司和資金的高價格去推銷他們的想法、商品及服務。公司無法取得金額夠大的收益，是因為公司成立以來的相關人等——員工、顧客和廠商——也一樣只採取普通程度的行動。

「普通」的產出絕不會多於普通，通常只會更少。普通的思維和行動只會保證你悲慘、未知和失敗。脫離所有普通的人、事、物，包括你得到的忠告、你交往的朋友。聽起來很難嗎？記住，成功是你的責任、義務和職責。既然成功源源不絕，你遭遇到的任何明顯限制，可能都是因為採取普通思維和行動的後果。讓自己遠離所有「普通」的想法。去研究普通的人怎麼做，禁止你自己和你的團隊把普通當成一條可行的路。讓自己處在想法和行動非凡的人周圍。讓你的朋友、家庭、同事知道，你把「普通」當作一種末期病症。記住，任

何「普通」事物並不會帶領你到一個非凡人生。去找找普通（average）這個字的定義，去看它包含什麼：典型、平凡、常見。這些應該足夠讓你在考量所有事情時剔除這個想法。

練習

你知道有哪些人採取一般等級行動？寫下他們的名字。
_____
_____
_____

寫下某三次一般等級行動造成你無法達成目標的情形。
_____
_____
_____

你認識哪些成就非凡者，寫下他們的名字，描述他們跟普通人的差異。
_____
_____
_____

找出一般（形容詞）的定義，寫在這裡。
_____
_____
_____

第九章

十倍勝目標

我相信，人們之所以無法堅持和完成目標的主因之一，是他們從一開始訂的目標就不夠遠大。我讀過很多關於設立目標的書籍，甚至參加過這方面的研討會，我不斷見到有人設立目標，但是他們要不是從來沒開始，就是離目標很遠。多數人曾經且經常被警告目標訂得「太高」。事實上，如果你目標太小，最後很可能也只會達成很小的目標。如果眼光放得不夠遠，通常也表示行動不夠大量、不夠頻繁，或不夠堅持！畢竟，誰會因為一個所謂實際的目標而感到雀躍？再者，哪個人會對一個充其量不過普通的目標而一直很興奮？這就是當人們一旦遭遇到某種阻力，就會開始想逃跑的原因：他們的目標不夠遠大。要維持你的熱情，你必須使目標夠大，好維持你的關注。普通和實際的目標幾乎總會讓目標設定者感到沮喪，他們將無法投入必要的行動去完成他或她的目標。

確實，多數人對自己的目標提不起勁來，他們只是一年把

目標寫下來一次。在我看來，如果某件事情一年只碰它一、兩次，它根本不值得做。你人生最倚賴的事物是奠基於你天天採取的行動。這就是我總會確保自己做好兩件事的原因：(1)每天寫下我的目標；(2)選定通常難以達成的的目標。這麼做會幫助我發揮潛力，我通常用它來增強我每天的行動。有些人會說，設定不可能的任務可能會讓一個人變得沮喪且興趣缺缺。但你的目標如果小到甚至不需要把它放在心裡，那麼你將會喪失興趣！

最好把你的目標化成文字，就像你已經完成它們似的。我放一本筆記本在床邊，每天早上第一件事就是寫下我的目標，每天晚上睡覺前也一樣。辦公室裡也放一本，讓我記錄新的和修正過的目標。以下是我正在進行中某些目標的範例，還有我是如何將他們文字化。注意，我把它們寫成好像我已經完成每一項（實際上並沒有）。

◆我擁有五千座公寓，報酬率超過12%。
◆我的健康跟體格狀態很完美。
◆我的財產淨值超過1億美金。
◆我每個月的收入高於100萬美金。

- ◆我寫過也出版了12本以上的暢銷書。
- ◆我的婚姻狀態還存在且良好，可以作為大家的榜樣。
- ◆我一天比一天更愛太太。
- ◆我有兩個善良且健康的孩子。
- ◆我沒有欠別人錢，只有別人欠我錢。
- ◆我有個美麗的家在海邊，沒有房貸。
- ◆我在科羅拉多擁有一座牧場，有著令人難以置信的山景，是理想中的美景。
- ◆我有幾家公司，能夠讓我從遠端遙控，有很棒的人為我工作。
- ◆我的孩子跟地球上最有權勢的人是朋友。
- ◆我使社會和國家作出正面改變。
- ◆我持續不斷創造出特殊的方案，人們想要它而且它能改善他們的生活品質。
- ◆我對事業有無盡的精力和興趣。
- ◆我有一個當紅的電視節目，已經播了五季。
- ◆在教會裡，我是奉獻最多金錢的人之一。

記住，這些是我的某些目標，只是用當個例子，讓你們看

看我是如何把目標文字化。也請注意，這些事情仍是進行式，而不是完成式。

「普通」的目標設定不能，也不會幫你的大量十倍勝行動添柴加薪。要是你用普通的思維往目標邁進和投入，在你面臨任何挑戰、阻力，或不那麼樂觀的情況那一刻，你會決定放棄——除非有某個遠大美好的目標作為你的動力。要想突破阻礙，必須有個重要原因促使你去突破它。你的目標越大、越不實際，它們和你的目標和職責就越一致，也就更能促進或激發你行動。

舉例，假設我想在某個銀行戶頭存到1億美金。但真有人需要1億嗎？不！它只是個目標，而且這目標越遠大美好，你就越可能被激勵突破阻力，邁向目標。如果你想增加更多能量到你的目標中，你得確保它們和某些更重大的事物相關聯。例如，某人想賺錢，但對於怎麼用它並沒有一個有建設性的目的，那他可能會賺了錢又把它花掉。你在設定目標的時候，要確定自己清楚為什麼要這個目標，再把它連結到一個更遠大的目的。設定目標的時候要想得大、想得寬。許多人把財富當成一個目標，訂定目標儲蓄，但又把創造出來的財富給毀掉。看看有多少人只是想著變有錢，他們也真的成為有錢人，但死的時候卻

是破產。所以,把你的目標和其他目標相連結,才能開始真的幫助你。假設我的目標之一是存到1億美金,另外的目的是把這筆錢拿來奉獻給教會,資助那些改善人類生活的計畫。這就是一個將目標結合的範例,能夠產生能量和動力,驅策我去行動以達成所有目標。

我的前幾份工作中,有一個是在麥當勞任職。我討厭那份工作,不是因為那是麥當勞,而是因為它跟我的目標和目的並不一致。我身旁的同事很愛這個工作,因為它與他的目標和目的相呼應。我時薪7美元,工作心態是想賺點零用錢花用;他也一樣時薪7美元,但他想要學習這個事業並且開一百家分店。他不了解我為什麼不覺得興奮,而我不懂他有什麼好興奮的。我被炒魷魚,而他往上爬且擁有分店。你的目標會在那裡,激勵你必須採取行動——所以立定遠大的目標,經常訂目標,將它們和你其他偉大的目的結合在一起。

問問自己,你所設立的目標是否相當於你的潛力。多數人會承認,他們的目標遠低於他們的潛力——因為世界上多數人總是被洗腦、被說服,甚至被教育去設定微小而實際的目標。如果你身為父母,我確定你曾經聽到自己也是這麼教育孩子們,或者你的父母曾這麼對你說過,或在你的工作場所當中聽

到。千萬不要只設定實際的目標；就算你不設定目標，也一樣會有一種實際的人生。

我實在很鄙視「實際」這個詞，因為它是根據其他人——很可能是那些只採取前三種行動等級的人——曾經實現過，也相信它可以達到目標。實際的思維是以其他人認為可行的為基礎——但他們不是你，也無從得知你的潛力和目標。如果你打算根據其他人的想法來設定目標，那你最好確定這是基於地球上的大咖所想的。他們會第一個告訴你，「別用我做過的事情當作目標，因為你可以做得更好。」但如果你以世界上那些頂尖人士為目標？例如，史蒂夫‧賈伯斯的目標是要「喚醒」宇宙，創造出永遠改變世界的產品。看看他和蘋果（Apple）及皮克斯（Pixar）做了些什麼。如果你的目標是要跟其他人看齊，那麼你起碼該選擇這些已經創造巨大成功的大咖。

許多人發現自己之所以走那條路，只因為那是其他「普通」人走過的路。很多人唸大學不是因為自己想唸，而是有人要他們去唸。多數人有某種宗教信仰，只因為他們是這麼被養大的。多數人只說在家裡說的語言，而從來不花時間學習其他語言。多數人被父母、老師和朋友的決定所影響，他們替我們設下限制。跟你打賭，如果我問五個你最親近的人他們的目

標，或許我可以從中找出你的某些目標。你和你的目標受你的周遭環境所左右。

我永遠不會告訴其他人，他或她的目標該是什麼。不過我會建議你在設定目標時，應該考慮到自己一直以來被很多限制所洗腦。注意這點，你就不至於低估它的可能性。接著，考慮以下幾點：(1)這個目標是為自己而不是為了別人設立的。(2)凡事皆有可能。(3)你的潛力比你想像的高得多。(4)成功是你的職責、義務與責任。(5)成功源源不絕。(6)無論目標大小，都需要努力。一旦你檢視這些觀念，坐下來，寫下你的目標。接著讓自己每天重複書寫，直到目標達成為止。

要是低估了自己的潛力，你就不可能設定正確大小的目標。把目標設得太小，你不會全副武裝去迎接必要的大量行動。我知道「十倍勝法則」觀念不適用於每個人。它明顯地不適合那些願意接受普通或平庸，以及寧可輕鬆度日，接受別人殘羹剩飯的人；它也不適合那些把成功寄託在希望和祈禱上的人。十倍勝法則只適合少數執著於創造非凡人生，和那些想掌握整個過程的人。「十倍勝法則」在你的事業方程式中排除了運氣和機會的想法，告訴你到底該抱持什麼樣的心態才能鎖定巨大成功。

考慮以下的情節：假設你正在設定財務目標。2009年，美國總統宣布收入高於25萬美元的都算有錢人。若這種趨勢持續，你至少要繳10萬美元的稅，你還剩下15萬。在支付了兩部車的車貸、房貸、財產稅、食物、衣服、孩子的學費之後，你大概還剩下2萬美元。若接下來二十年你把這筆錢存下來，假設中間沒出什麼差錯，最後你會留下40萬美元左右。想想這個事實——你的父母，無論是你自己的父母或配偶的都一樣——或許他們沒能好好規劃自己的退休生活。大概十五年後他們會把自己的儲蓄用盡，倚賴你照顧他們。要是這種情況真的發生，你將立刻（但也發現得太晚）發現你低估了自己的財務計畫，比起該做什麼來累積財富，你需要花更多力氣來處理你已經創造的部分。而且要記住，除了照顧父母，你自己退休後的生活也需要金錢。此外，這個情節假設生活水平維持原狀，沒有壞消息、緊急事故，也沒有重大事件發生。只要把過去幾年曾經發生過的情形加一點點進來，你就會看到，百分之九十的人低估了為了維持他們的生活方式必要的財務目標，更別提想要達到他們的生活目標。「微小」的思維會而且總會讓你被某種方式懲罰。

在我們生活的這個地球上，人們主要的信念是低估一切事

物。美國最好的商學院引述公司失敗的主要原因之一是缺乏資金。理由就在於錯估一家公司在他的產品受歡迎之前需要燒掉多少錢,這是另一個例子,讓你看到「普通」是不可行的。

我生命中最大的遺憾不是我沒有廢寢忘食地工作,因為我有;而是我未把目標設定成比我一開始想完成的原始目標高十倍。為什麼會這樣?因為我的目標受到我成長的方式大幅影響和限制。我並未責怪任何人,這是事實。我事業生涯前三十年花在把十倍勝努力這部分弄對,我會用接下來的二十五年把十倍勝目標設定這部分做對。所以我建議你做以下事項:

1. 設定十倍勝目標。
2. 與其他的目標相呼應。
3. 天天把目標寫下來——起床第一件事,和睡前最後一件事。

練習

寫下你的成長方式如何影響你的目標設定。
_____
_____
_____

如果你知道自己可以辦得到,你會想設定哪些目標?
_____
_____
_____

有哪些其他目標／目的與你的主要目標一致,能進一步促使你去行動?
_____
_____
_____

第十章

不要害怕競爭

人類持續編織的最大謊言之一,就是「競爭有益」這種想法。到底對誰有益?它可能有助於讓顧客有更多選擇,促使他人做得更好。然而,在商業世界,你會想處在一個主導,而不是競爭的地位。如果從前的俚語說「競爭是健康的」,那麼新的俚語會是「要是競爭是健康的,那麼主導就是刀槍不入!」

在我看來,與他人競爭會限制一個人創意思考的能力,因為他或她會持續關注別人正在做的事。我首次創業之所以成功,是因為我創造的銷售方案引進了一種無人匹敵的原創性方法。它顯然是銷售的一種新想法和做法。過去兩百年,所有人都只在複製其他人做過的,無人例外。所以我不理會競爭,創造了一個新的銷售過程,稱為「資訊輔助銷售」。這發生在網路時代之前,當時並非所有資訊都讓顧客隨處可得。我料想到賣方應該會改掉舊有的銷售模式,學習用資訊來提供協助。我

引領潮流，守舊思考那些人在網路大量流行時仍在抗拒。資訊輔助銷售成為一種銷售方法，我的競爭對手卻仍然堅持使用舊系統和程序。於是我脫穎而出，因為人們對嶄新的東西躍躍欲試。思考前衛的人不隨波逐流。他們不參與競爭，他們創造。他們也不只是會看別人已經做過什麼。

千萬別把競爭當作目標。相反地，你該盡全力主導你的領域，不必花時間追隨他人。別讓其他公司決定你的節奏，把這一點當成你的組織使命。讓自己領先人群；如此一來他們將會在背後追趕你，試圖模仿你，不是相反狀況。不過這不表示你不該在產業趨勢方面研究其他人的最佳做法，然而，你會希望把觀念更上一層樓，這是你的職責。舉個例，蘋果公司製造電腦和智慧型手機，它不只是仿效Dell、IBM、Rimm，和其他公司所做的。蘋果不跟別人競爭，它站在主導地位，它決定節奏，而且它讓其他人試圖複製他們的成功。別把你的目標設在一個競爭的等級。你設的等級應該讓其他人黯然失色，成為你領域的主宰。

你會想，該怎麼做才能占主導地位？第一步得下定決心主導。接著，最好的方法就是去做其他人不願意做的。沒錯，做其他人不願做的，這麼做能讓你立刻為自己開創一片天地，發

展出不平等的優勢。讓我說清楚點：如果我有辦法創造，我想要一個不平等的優勢。雖然我一向崇尚道德，我從來不按牌理出牌。我尋求方法讓自己取得不平等的優勢，有個肯定有效的方法是，去做其他人不做的。找出他人不能做的某些事――或者因為他們的規模，或他們正對其他計畫投入――去開發它。或許經濟情況不明朗時他們正在撤退，這就是大好時機――你擴展到這些他人縮減中的領域。某一家和我合作的植牙公司告訴我，同業中的領導者削減了所有出差費用，決定與所有客戶聯繫都改用電話或網路進行。為了取得有競爭力的優勢，我們決定在這個領導者撤退時搶攻面對面個人聯繫。主導――而不是競爭！

　　永遠別跟著其他人遵循的默契常態走。那些用於任何團體或產業的規則、常態和傳統，通常都會妨礙你產生新的創意、提升你的重要性或主宰。你不該只是參加比賽，而應成為決選名單上的首選；更好的是，你應該成為那個唯一存在的選項。你必須抱持一種態度，你在自己的領域當中有強大力量，你的客戶、你的市場，甚至你的競爭對象，只要一提到你所在的領域就先想到你。IBM做得很成功，因此所有的個人電腦都被稱為IBM的。有一陣子全錄（Xerox）在影印機這塊領域成

就非凡，人們會將正在影印東西說成正在全錄中（Xeroxing）（Xerox變成了影印的同義詞）。這就是在某個領域全面主導，但沒有適當地保護商標名稱的後果。我那銷售訓練公司的目標，不是在同一塊領域裡去搶食利潤或客戶；我們的目標是，要確定地球上的每一個人把銷售訓練和葛蘭特‧卡爾登（Grant Cardone）劃上等號。做得到嗎？不見得，但我們根據這個目標來作決策。我們不要跟這個領域裡的人競爭，而要成為最棒的。我們的目標是要主宰所有人的思維，讓我的名字成為銷售訓練的同義詞，在谷歌搜尋「銷售激勵」就會看到我的視頻出現。這才是你貼近一個領域、目標，或任何努力的方法——全面地擁有它。

你總能從那些想要競爭的人身上學到東西，不過別跟在他們後面跑。據說，沃爾瑪（Wal-Mart）的創始人山姆‧華頓（Sam Walton）每星期都會去其他商店購物，看看別人哪裡做得好並且尋求改進。同時，他的目標也在主導而不是競爭。如果你想複製其他人做得最好的地方，你得努力不懈把它做到最好，使它變成自己的。訓練自己專精其他人的專長，直到它們變成你的優勢。這樣做下去，一直到你成為那個領域的專家跟領導者，他人難以想像主導它，甚至讓其他人不再嘗試它。

你不需要是某個領域當中的第一個人,但是被他人認為是第一人很重要——我想你應該知道我的意思。透過你堅持不懈的行動,傳達給市場的訊息會是「沒人能與我並駕齊驅。我一直在這裡。我不是來競爭,我代表這個領域」。

你們之中的多數人不像同領域的領先者那麼有錢。就算你的資本不如市場上其他參與者雄厚,並不表示你就處於劣勢。即便他們在預算或廣告方面比你占優勢,你還是能透過社群媒體、個人拜訪、信件、電子郵件、人際網絡等等來做得比別人好,運用你擁有的資源舉辦宣傳活動。精力、努力、創意,或能夠做到跟客戶的聯繫,這些都用之不竭。運用不同促銷活動的報價、資訊、視頻、網路連結、第三方認證、信件、電子郵件、電話,和個人拜訪等等的組合,來對抗運用昂貴且通常無效的廣告從事促銷活動的那些較大型競爭者。警告:當你運用活動來對抗「口袋深」的競爭者之廣告活動時,千萬不要低估在你的領域中,需要多少的活動才能被注意而且持續受到關注。舉個例,人們以為他們一天在臉書或推特上貼文兩次就能造成某種效應。如果你覺得零零散散的的貼文就夠看,那麼你不了解大量行動;如果你以為幾篇貼文就會引人注意,你肯定低估了網路的規模。就好像你事業成長時的其他面向,你必須

一再重複出現，你會堅持到底的姿態必須顯而易見。

　　社群媒體的好處是，無論他或她的財務狀況如何，任何人都可以在這個空間裡操作。它容許的創意不受限制，一致且持續使用它的人們才會得到回報。我一開始玩社群媒體時，一天貼兩次文。我不知道自己在想什麼——那一刻「目光短淺」。我們開始同步發送電子報，每月一次，後來接到人們要求將他們的電子信箱從活動宣傳中移除。同事建議我先暫緩，這時我才醒過來，恢復理智。與其放棄，我下令把貼文數量提高十倍。接著，我指示部屬開始把電子報發送的頻率，從每月一次改為一週兩次（八倍），並且開始在推特親自張貼留言，一天48次（每30分鐘一次）。每一則留言都由我親自撰寫，設定讓他們在某個時間點上推特。雖然你會說，這種大量發送的活動，抱怨和「取消訂閱」一定會增加，實際上並沒有。相反地，我們開始收到電子郵件或欽佩我們行動等級的留言，有些是恭維我們願意免費提供人們銷售和激勵的資訊。問題開始湧入：「你們怎麼有辦法做所有的事？你有多少員工？你怎麼有時間這麼做？你從來不休息嗎？」只要有一個人留言，表示有另外一千個人抱著類似的想法……你覺得他們都想到哪個人？這麼做花的錢不多，只是花費我的活力、精力和創意。我在做

這些事情的同時,最常被人們拿來與我相提並論的另外那位仁兄,被問到對社群媒體的看法時,他答道:「我還在評估當中」。當他還在評估的時候,我已經盡可能地運用。有一天,我的一條推特貼文上寫著「我要讓推特替我做事。」

這是一個很好的例子——關於主導和驚人的想法與行動,不用花一毛錢。這麼說主導好了:你不深入研究就無法主導;用普通程度的行動難以深入了解。你最大的問題就在於默默無聞——其他的人不認識你,也不會想到你。

所有人還會遇的到另一個問題是,必須克服市場上的大量雜訊。有兩件事你必須做到(1)被注意到;(2)戰勝雜音。以我的情況來說,要是我們決定放棄來平息少數人的抱怨,就不可能擴張我們的聯絡資料庫。我貼文越多,喜歡我們的人越多。我們越是伸出手,幫助的人就越多。我們推出這個新課程的時候,甚至看到競爭者貼文嘲弄我們。然而,就算是這類的留言也會引起別人注意我和我的業務。一旦你採取了正確的行動量,有兩件事將會發生:(1)有新的問題降臨到你身上;(2)你的競爭對象會開始替你促銷。我最喜歡這樣,當其他人甚至還不認識我的時候,就帶來了這麼大的影響力。已經有討論出現,提高了我的事業、我的產品,和我自己的知名度。

先決定你競爭對手的能力、行動和心態。做他們不會做的,去他們不去的地方,採取他們無法理解的十倍勝數量行動和思維。別太在乎爭做所謂的最佳範例,你的行動量必須大到讓世人覺得不合理,而你在做的這些事情,只有你和你的公司會去做,能夠做,也願意去做——也就是我所謂的「唯一範例」。

曾接受我輔導的某家公司,我們找出了那些可以適用「唯一範例」的地方。我們發現,這個產業通常在後續追蹤客戶方面難度很高。於是我們找到那些競爭者不會去做的事情,他們不會在客戶離開店裡的時候打電話給客戶。這個發現讓這家公司立刻展開一個計畫,當客戶從店裡的停車場離開的時候立刻把客戶召回。客戶離開公司所在地的時候,經理們會立刻打電話請客戶返回公司。要是電話直接連到語音信箱,經理會留一個訊息給客戶「請您馬上返回,有些東西您一定要看一看。」或者,經理會發送一個文字訊息告訴客戶,公司有些東西希望立即展示給客戶。要是這次聯繫不成,另一位經理會在同一天和隔天上午重複這個召回計畫。結果相當瘋狂。幾乎有百分之五十的客戶立刻返回店裡,將近百分之八十的客戶從這個時候開始成為忠實客戶。另外百分之二十的客戶返回是因為後來接

到電話，這家公司的銷售提升到一個新的等級。這就是「唯一範例」的一個例子。

　　你做什麼不重要，重要的是你把目標訂在成為領域中的主導者，立即行動，始終如一和堅持不懈到一種其他人不願意執行或複製的程度。開始一種行動，把它帶到一種程度，使你和你的公司與任何其他同業的人區隔開來。願意用盡你最後一分活力、力氣與創意，讓自己與眾不同，就像你是唯一的參與者似的。藉由成為市場上客戶甚至競爭者心目中的第一，來學會如何主導市場。市場情況不會自己改變，除非你改變自己的思維方式去貼近市場。即便你身處一個景況不好的市場，如果能征服它，你的痛苦也會減輕一點。狀況不好的市場事實上創造了機會，因為市場裡那些參與競爭者通常會變得比較依賴和虛弱，他們不知道如何在一個挑戰性較高的環境中運作。不必可憐他們，你要做的是征服他們。他們會失敗不是因為運氣不好，而是因為普通的思維和行動所導致。市場是殘酷的，它會懲罰所有不曾採取正確行動量的人。現在正是你轉而以主導你的領域、市場、競爭，和你潛在客戶的每一個想法為目標行動和思維的時候。不要理會競爭。無論別人怎麼說，競爭不健康，它是給膽小鬼的。

練習

主導和競爭的差異是什麼？
_____
_____
_____

如果競爭是健康的，主導是_____。「最佳範例」和「唯一範例」的差異在哪裡？
_____
_____
_____

為了能將你和其他的競爭者區隔開來，你能做哪些事？
_____
_____
_____

第十一章

跳脫中產階級的舒適圈

千萬別被我在本章裡寫的內容冒犯了。我知道你們很多人窮極一生試著躋身中產階級，而我打算告訴你，這個目標是錯的。打開心胸。有一天，我會拿這個主題撰寫一本書——不過此刻，讓我們想想跳脫我所說的「中產階級心態」。我這麼說是有理由的——中產階級就是受自己的思維和行動傷害最深的一群，讓自己缺乏安全感和遭受痛苦。雖然許多人渴望成為這群人中的一員，他們似乎也是最受困、受到操縱，與處於風險之中的一群。中產階級真的像你一向以為的那麼好嗎？你搞得清楚身在中產階級代表什麼意義？讓一個人被歸類到這個階級的原因是什麼？關於你何去何從，或要到一個你夢想的群組去，在下決定之前，最好先檢驗一下有關這群人的統計數字。

中產階級的收入

根據維基百科的報告和2008年的人口普查顯示,中產階級的年收入等級大約在35,000到50,000美元之間。另一份研究指出,這個數字每年約在22,000到65,000之間。無論哪一種,這樣的薪資在美國的都會區,好比紐約或洛杉磯維持生活,非常辛苦。這不是祕密,極少人擁有財務上的安全感。這種經驗對大多數人來說並非理想狀況。

中產階級又再進一步分成上層和下層的中產階級。上層的中產階級通常包括那些坐擁大筆資產與房屋,年收入超過100萬美元的人,雖然100萬這個數字怎麼來的不可考,我猜大概是100萬聽起來像樣。大多數人在擁有100萬美元之前會覺得那筆錢很大;等他們擁有之後,一旦進入新的收入等級,他或她的決定和考量就會因此而改變。

身處所謂上層中產階級的人,在他們的工作場所明顯地享有較高的地位,普通人認為他們在財務方面也比其他同儕更穩定。在任何一種類型的經濟崩壞發生之前,這是非常可能的。接著我們會看到,就算是這一群人也一樣未受到保障。無可否認地,在這個國家經濟成長的黃金年代,這一群人應該經歷過

收入大幅飆升。他們的可支配收入比許多身處下層中產階級的同僚更高，這些同僚就是那些具備基礎教育水平，年收入在30,000到60,000美元之間的人。下層中產階級占美國整體人口的一大部分。這些人通常努力貼近上層中產階級，然而，若經濟艱困不見好轉，所有人都會被拖下水。

我有個客戶在這個月發簡訊問我，「葛蘭特，我這個月必須淨賺10,000美元才能繼續開門做生意，我該怎麼辦才好？」我剛好在週日下午觀賞足球賽後接到他的訊息，所以我問他，「你今天看了球賽嗎？」他回我訊息「看了。」我接著說「你週日怎麼可以鬆懈看球賽？你應該出門發送傳單，試著用每小時、每分鐘創造比必要還高的收入。再說，你需要的是10萬元淨利，不是1萬。」他答道，「星期天是休息的日子啊。」我的老天！我嗆回去，「休息是給那些另外六天都在工作的人！上帝這麼說不是為了那些缺錢還不想自己努力去贏得休息日的人。所以，關掉電視，從沙發上起來，去賺你需要的錢！為了你自己、你的家庭和你的公司著想，別再當個中產階級奴隸，去創造你需要的收入來保障你的財富和財務上的自由。」我想他聽懂了。

我的客戶陷入危機，是因為他把目標放在他需要的，所以

他只能剛好「維持生計」。很可惜,這種中產階級心態無法創造財務上的保障。若銀行把他的額度收走,他就再也不能倚賴信用額度當作緩衝,現在他能依靠的只有自己的行動。這是許多中產階級共有的毛病,他們只追求自認為必要的,而不往大處著眼。多數人相信,一個舒適的中產階級生活包括衣服、一棟房子、幾輛車、有時間度假,或許還有高階主管職位、銀行帳戶裡有些存款。

然而,「中產階級」的定義,要看你指的是歷史上哪一段時期,它的意義很多樣化——其中有許多一直到目前仍然互相矛盾。例如在中古時代,它指的是在農民和貴族之間那個等級的人,但有其他的定義顯示,中產階級擁有足夠的資本去對抗貴族。當然從當時到現在,它的意義已經有了很大的轉變。舉個例,在印度,中產階級被視為那些居住在自有居所的人;而在美國,藍領工作能讓你成為中產階級——在歐洲,這些人不過是勞工階級的一員。

我自己用來區隔「中產階級」的標準:與其用收入來區隔,不如說它是一種心態。某人雖然年收入100萬美元,仍然可能採用中產階級的思維與行動。應該這麼說,這種心態困住你而使你失敗。中產階級,可以說是一種滿足不了你心之所欲的

目標,與「中間、普通或一般」這類我們覺得非常無趣的詞彙是同義詞。

而現今社會多數人對中產階級的定義是什麼?2009年2月,具權威地位的周刊《經濟學人》(The Economist)宣稱,基於開發中國家的急速成長,世界上超過一半人口都落在這個階級。這篇文章把中產階級定義為,手上有合理金額的可支配收入,不必像貧窮人口那樣有工作才有飯吃。它開宗明義就說了,這群人在支付基本的食物和住所的費用之後,大約還剩三分之一收入可以用來自由支配。

然而,今天的中產階級,幾乎沒有人還能夠留下他或她收入的三分之一隨意使用。這群人目前正受到某種稱為中產階級擠壓(the middle-class squeeze)打擊——這種情況就是,中等收入打工仔加薪的速度,跟不上通貨膨脹的速度。同一時期,這種現象對高收入者並未產生類似的效應。更不用說這些所謂中產階級人士的財富,很多都是來自於舉債和帳面上的房屋價值,而不是真正的金錢。

身為中產階級的這群人常常發現,他們對信用額度的依賴因為房市崩盤而加深,使他們難以維持中產階級的生活方式,讓向下層的移動抵銷向上層移動的展望。這就是我先前提過的

阻力、抵抗和意料之外的狀況。因為失業，這群中產階級遭逢了收入銳減。歷史上第一次，我們看到失業人口中男性多於女性，因為高薪的男性被遣散，才能留住相對較低薪的同事。同時，雖然薪資減少，必要支出的金額——例如能源、教育、住所和保險，持續攀升。這種擠壓總會影響到特定人口當中的最大多數人。有錢人不需要依賴薪水或舉債度日，而沒錢的人可以收到中產階級沒資格享受的補助。

對大多數人來說，身處中產階級表示他們有一份可靠的工作，不錯的薪水，持續享受健康保險，在不錯的社區有個相當舒適的房屋，下一代受到好的（不管那代表什麼意思）教育，休閒時間能去度假（這一點被高度重視），擺在退休帳戶裡的錢越來越多，容許一個人舒服地退休。但是所有以上這些——向來被視為理所當然的——現在十分混亂，這都要歸功於房市的崩潰和信用破產。現有的中產階級正在被擠壓，希望自己能撐住，或回復過去的成就。這群人的平均收入正在穩定降低中。其中成員的工作岌岌可危，他們的儲蓄和投資都存在風險。過去看得很重的休閒度假，將可能只變成到鄰近的公園景點一遊。

我跟你說這些的重點在哪裡？問問這些中產階級的人們，

這一切是否讓他們有安全感或心存嚮往？雖然他們或許會聲稱自己對於沒變得「貧窮」已經心存感謝，他們很可能會告訴你，他們感覺自己更像勞工階級的一員，而不是中產階級。此外，還要考慮到今天美元的價值已不如從前，未來將會更低。某個人年薪60,000美元，其中15,000美元得拿來繳稅。如果這個人夠幸運，他或她一年還剩下45,000美元可使用——而實際上它真正的價值只有32,000美元——維持一個家、教育、保險、食物、車貸、汽油、緊急醫療、度假和儲蓄。你覺得這聽起來很吸引人嗎？中產階級在過去是個販賣給無數美國人的夢想，作為一個他們應該戮力以赴的目標。然而實際上它僅僅是接近「好」——或許更好的形容是，上面有一大塊起士作為誘餌的捕鼠夾。

我認為中產階級是世上最被壓迫、限制和封閉的社經人口。那些想躋身其中一員的人，被迫用某種方法去思考和行動，而他們的回報只是「剛好夠用」。一個人只要「自在」、「知足」就夠了這種觀念，是一直以來被我們的教育系統、媒體和政客推銷給人們的一種想法——說服所有人民去接受而不會去爭取更多。然而，只需要稍微提醒，人們就會發現那是一個無法實現的承諾。今天，最富有的百分之五的人掌控80兆美

元的金錢,那比人類有史以來曾經創造的錢都還要多。如果你自知你有同樣的能量和創意可提升自己到更高一層樓,你不會躍躍欲試嗎?

練習

在閱讀本章之前,你對中產階級的認知是什麼?
_____
_____
_____

中產階級的收入等級在哪裡?
_____
_____
_____

現在,中產階級對你來說代表什麼?
_____
_____
_____

第十二章

執迷不是一種疾病，而是天賦

辭典把「執迷」這個詞定義成「被持續的想法、影像，或渴望所控制的個人之思想或感覺。」雖然世界上一般人通常把這種心態看成是種疾病，但我相信它是用來形容你該如何邁向成功的最佳說法。若想主導你身處的領域，你的目標、夢想或野心，首先必須主導你的每一分興趣、思想和思慮。執迷在此處並不是件壞事，它是幫助你心想事成的必要條件。事實上，你對成功這件事要狂熱到讓世人都知道你不輕易妥協或放棄。在你變得完全執迷於你的任務之前，不會有人把你當一回事。直到全世界知道你會堅持到底前，你必須百分之百投入，而且完全肯定你將會堅持不懈地追求你的計畫——你才會得到你需要的關注，和想得到的支持。在這種情況下，執迷就像火堆一樣，你希望把它堆得很大，讓人們覺得必須圍繞著它坐著並欣賞它。就像對待火堆的方法，你必須不斷丟柴進去使它發光、發熱。你得持續讓這把火燃燒，不然它就會熄滅，化

為灰燼。

為了創造一個十倍勝的事實，你必須執迷地緊盯著每一個行動，直到成功為止。你得保持高度士氣才能每天採取十倍勝行動。有些人雖然不斷行動，但我們知道那些行動大多無法帶領他們到任何地方。多數人什麼也不做，或者早已經放棄，還有些人逃避以避免失敗和負面的經驗。很大部分的人們只想用普通的等級去過生活，勉強湊合和融入人群就夠了。這些人都缺乏執迷的態度去檢視他們的行動直到成功。多數人只是付出剛好的努力，感覺他們有行動；而最成功的那群人則會沉迷於追蹤每一個行動，直到得到回報。

如果你開始對你的想法、目的或目標有所執迷，你也會一樣執迷於讓它們成功。任何人若想把創造長期、正向的十倍勝生存當作他或她的任務，即必須以這種程度的執迷去實現每個片刻、決定、行動，和每一天。畢竟，要是你的點子不能使你過分地全神貫注於自己的思想，那麼你又如何能期望讓它去占據其他人的思想？一定有某件事能每分每秒占據你的思想，那會是什麼？要讓自己執迷某件事。把你的夢想、目標和任務變成你心思和行動的主要思慮！

「執迷」這個詞一般隱含負面的意義，因為許多人相信執

迷某件事（或某個人）通常是具破壞性的、有害的。想找出一個不曾執迷某件事到某種程度卻擁有非凡成就的人，根本不可能。任何個人或團體若能完成某件了不起的事情，必然是因為他們全然沉迷於那個想法。無論是藝術家、音樂家、發明家、商人、變革推動者，或慈善家，他們的偉大成就都是源自於他們執迷的結果。

曾有人問過，我對成功和工作是否總像今天這樣執迷。我答道，「當然不是！」首先，十歲之前我是。後來我放手了，直到二十五歲又再度執迷，接著就保持到現在，程度多少而已，而我很後悔那些年我不執迷於我的夢想和目標。我敢告訴你，自從我開始執迷於我的夢想和目標，我的人生好太多了，即便當事情不如人意時也一樣。

最近我收看了以色列總理西蒙‧裴瑞斯（Shimon Peres）的電視專訪。裴瑞斯87歲，在過去十八個月中接受了九百場訪問。雖然已上了年紀，他對使命的執迷仍使他看起來年輕而有活力。就算那些不見得認同他使命的人，也會尊敬他的投入與承諾，從他認為「工作比度假好——每天為了某個目的而起床是很重要的。」就可以看得出來。無數成功人士會同意這個想法，他們並不感覺自己的事業像工作，而是某件他們熱愛去做

的事。那就是執迷最好的結果。

執迷是與生俱來的,孩子們是最好的例子。遇到任何事物他們幾乎立刻產生執迷——用盡力氣去學習、模仿、探索、玩樂那些引起他們興趣的事。除非有某部分發展遲緩,所有的孩子都會全然沉迷於他或她的活動,全神貫注在任何他們喜歡的事物上頭,不管是橡皮奶嘴、玩具、食物、爸爸的關注,或是急需換尿布。根據以上的觀察,我們會發現執迷其實是人類與生俱來的。它本來不是「問題」,直到父母、保姆、老師,和後來的整體社會開始制止這種執迷情結。他們通常會讓孩子們感覺到他或她對目標的承諾和投入是錯誤,而不是自然且很正確的!從這時候起,許多孩子開始假定他們對人生和探索的強烈興趣、他們對全然投入某事的天生的承諾,是有點錯誤和非自然的。他們基本上一直被其他人霸凌——其他早已不再執迷的人——好改變他們的行為。就是這個時候,一個人會從比較高等級的承諾與行動,轉變成「普通的」等級。

你或許以為某些事情我並沒有親身體驗卻在這裡大放厥詞。讓我告訴你,我的第一個孩子才剛出世。我承認,雖然她執迷的天性常常在我不方便的時候顯現,我從來不打算去制止她。我強烈希望我女兒能對她的任何夢想感到痴迷,永不放棄

達成它,用她一輩子的時間去做得更好!我愛那種對某個想法執迷的感覺,我也很欣賞其他對某事狂熱的人。有一個人或一群人對他們全心相信的事情努力追求,誰不會被打動?誰會如此沉迷於他們的想法,每天一睜開眼睛就追求夢想,花整天的時間去努力,接著上床睡覺後又再次夢見它?一旦其他人在這些熱切者的思考中、眼神裡、行動上見到這種企圖心、堅定和投入,他們就不會再阻擋你。我建議你開始執迷於你渴望的目標;否則,你將會花一輩子的時間沉迷於找藉口解釋,為什麼你得不到自己想要的生活。

可惜,這種執迷渴望和強烈的驅策力常常被人貼上失去平衡、工作狂、著迷,和一連串其他的標籤。如果世人把某個人毫不動搖的熱忱,無可否認的執迷,和有如對營火的渴望般去貫徹他或她的目標,視為一種天賦而不是缺陷或疾病,我們是否都能更有成就?為什麼人們就一定得把對卓越的熱忱和成功的渴望變成一種負面事物?

有趣的是,一旦這種執迷終於獲得成功,他們就不會再被貼上瘋狂的標籤,而會被賦予像是天才、特例、非凡等等稱號。或許這個世界應該讚許、期待,甚至要求我們所有人每天皆全神貫注執迷於我們的目標去過生活?或許我們應該去懲罰

那些行為缺乏熱忱和投入的人，獎勵貫徹始終的人？我們的社會可能將因此充滿著各種發明、解決方案、新產品，也更有效率。要是這個世界鼓勵執迷而不是批判？或許唯一一件讓你變得偉大的事，就是要你用執迷、執念的態度去對待所有事物，就好像你的生命就全倚靠它了？事實上，的確如此！

若不是有一個團隊的人執迷於讓它發生，人類可能上太空嗎？某個國家的領導者若不執迷於偉大，那個國家可能偉大嗎？任何一個著名的領導者會稀釋他或她的夢想，鼓勵團隊用一種「做不到拉倒」的態度來行事嗎？當然不會！你會希望你的團隊像嗑了藥似的萎靡不振，一個口令一個動作；還是要他們執迷於正面的結果和勝利？永遠不要貶低任何事，不要稀釋偉大，絕對不要降低你的馬力，千萬別去限制你的野心、動力和熱忱。要求你自己和周遭的人做到執迷。不要把執迷當作一種錯誤；相反地，視它為目標。設定十倍勝目標，和用十倍勝行動去追蹤後續發展，都需要執迷這種心態。

也要記住，目標若訂得太小，你將沒有空間聚集正確的能量，或採取正確的行動量來突破迎面而來的障礙、競爭，和持續變化的狀況。若不是某個人執迷某個想法，執迷於面對每樣工作、挑戰，把時機視為重要、必要，且非要不可，好事不會

發生。能夠執迷不是一種疾病，而是種天賦！

練習

寫下三個因對某事執迷而曾經做過了不起的事情的人。
_____
_____
_____

你必須再度執迷什麼樣的好事?
_____
_____
_____

為什麼執迷勝於不執迷?
_____
_____
_____

什麼樣的目標會讓你變得執迷?
_____
_____
_____

第十三章

全神貫注

現在，希望我已經重新更正了你對執迷本質的看法。讓我們討論一下，我們該做什麼來讓你在每個行動上全心投入，把自己全然交給每一個機會。

多數人熟悉的「全押」（all-in）是個撲克牌用語，它用在當一個玩家把他所有籌碼都拿來當作賭注時，要不輸光，要不就翻倍。不過我在本章談的不是金錢或是籌碼，我指的是一種更重要的賭注——你的努力、創意、能量、想法和堅持。大量行動並不像在賭桌上一樣，行動這種籌碼在你的人生中永遠用不完，完全投入自己也用不完所有的能量和努力。你最寶貴的籌碼就是你的心態、行動、堅持和創意。無論你想「全押」多少次你的能量都可以，因為就算輸了，你還是可以繼續全押！

這個社會上的多數人並不鼓勵這種全押的心態，因為我們一向被教導打安全牌，別把所有雞蛋放在同一個籃子裡。我們被鼓勵保留，好保護自己免於失敗，而不是孤注一擲以尋求高

報酬。這個世界上有許多大咖願意成為大玩家。不過這種心態一樣是基於一種迷思，以為你的能量、創意和努力是實質的事物，限量且無法取代。生命中的確有某些東西受到限制，但是你沒有，只有你能限制自己。

關於採取行動，有件事很重要，你必須完全扭轉自己的想法，要知道，無論你持續採取多少次行動都沒有上限。你可能失敗或成功許多次，你要多少次都可以，然後再持續不斷地重複。在棒球場上，如果你連球都碰不到或沒有全力打擊，要把球打到場外是不可能的；即使採取行動，若是不規範自己全押，你永遠不可能漂亮出擊。

我們都聽過「龜兔賽跑」這則寓言故事。其中隱含的意義，當然是說烏龜之所以贏得最後勝利，是因為牠努力不懈並且慢慢來；而那隻兔子雖然衝得很快，卻因為累了，而錯失了勝利的機會。這故事衍生的意義是要我們學那隻烏龜——當那個穩定且緩慢邁向目標的個體。要是在這個寓言故事中有第三個參賽者，他具備了兔子的速度加上烏龜的穩定，那兩位穩輸無疑，沒人比得過他。這個預言應該會被叫作「輸定了」。我想給的建議是，要同時像烏龜和兔子去朝目標邁進——一開始無情地進攻，在整個「賽跑」過程中也要一直跟著目標。

記住：無論你想爬起來幾次並繼續跑，都沒有限制！除非你放棄，要不然沒有失敗這回事！「用盡」你所有的能量或創造力是不可能的，你所有的想法也不可能用光。你永遠不會喪失建構新夢想、更有活力、創意思考的能力，用不同的眼光來看一種情況或事件，給某個人再打一次電話，用不同的技巧，或表現得很堅持。總會有另一次幫助，另一天與另一次機會。要是你正在使用的賭本可持續為你注入新的能量、創意和堅持，那為什麼不在所有面向全押？

創業家，尤其是業務人員，他們在無法全押時最痛苦——這是我在第一本書裡《有業績才有飯吃》（Sell to Survive）討論過的主題。許多業務人員試著超越自己該做到的業績而感覺自己很了不起，自以為做的比實際上多。事實上，多數人甚至從來不曾開口要過訂單，比必要的五次還少得多。

我公司最近受僱於一家跨國公司，舉辦一個「神祕客」活動，試圖找出整個銷售流程中哪裡出了問題。我們試著蒐集資訊，去辨識出這家連鎖店在什麼地方最需要幫助。我們拜訪了五百家以上的分店，看看業務人員花多少時間才能搞定客戶對某個產品下單。讓這家公司感到吃驚的是，我們拜訪的分店中有百分之六十三竟然從來不曾對客戶提出購買建議——要求神

祕客購買的更少！這家公司正打算花幾百萬美元在產品的教育訓練上頭，但事實上，這不是他們的問題所在。這家連鎖店和他們的業務人員怕失敗或被拒絕，甚至連參與都沒有——這遠不如全押。

如果一位客戶朝你走來，或你有機會到客戶面前談論你的產品，但你卻從未提出建議要他購買，我保證你百分之百做不到這筆生意。社會成功地教育我們多數人要打安全牌，而不是對每位客戶和每次機會全力以赴，這一點深植於商業世界。像是成交率，它應該要能反映某位業務人員的成功率。我會告訴你我怎麼做的：我願意每一次對每一位客戶全力出擊，即便我的成交率在眾人之間最低，但生產力最高！全押。我不管失敗多少次，我會重新準備好籌碼再玩一次！

想想看：如果你全力以赴，最壞的結果會是什麼？你可能失掉這位客戶，那又怎樣？你仍然還有無限的資源使盡全力面對下一個客戶。你可以贏得任何事而且沒什麼損失；你要做的只是重新思考你的做法。

這把我帶到過度承諾這個主題，另一個在當今商業社會「不被贊同」和被誤解的問題。你被告知過多少次要「承諾得少，達成得多？」我從沒聽過這麼老掉牙且荒謬的事情。讓我

們假設你正在替一個百老匯的秀對大眾做宣傳。你應該宣傳你有的是一個平凡無奇的演出陣容、「普通的」唱功,等到開演之夜再來過度表演嗎?當然不是這樣。這個說法顯示,過度承諾,或者,至少說是完全承諾,在某種程度上好像會讓你陷入危險之中。要是你沒有辦法遵守承諾去表現,你會讓其他人不滿意。你為什麼不在答應的時候過度承諾,然後用遠勝於承諾的表現來超越它?告訴每個人你那棒透了的百老匯表演,引誘他們自己親眼去看看過度承諾與超越承諾的表現!

我發現,對客戶的承諾越大,我交付的成果自然而然等級越高。就好像我對他們和自己同時許下承諾,矢志超越我能做的。我投入這個市場、客戶,或我的家庭之能量越多,我對交付自己確實承諾的事物企圖心越大。這一點,當然,回到用十倍勝努力而不是一倍付出去行動。某人可以輕易地宣稱他付出了「百分之一百一十」的努力,但沒有完全投入——若不是因為這個人打安全牌,就是他或她擔心自己做不到必要的等級。

幾乎所有的事業都會面臨到一個共同的問題,現在你得與客戶會面越來越多次,才有機會展示一個產品或想法。要求會面的人不願意對那個放棄他或她寶貴時間來見你的人許下承諾。包山包海、高度投入,和過度承諾能夠立刻讓你脫穎而

出,而且會強迫你以十倍程度交付成果。增加與客戶會面之機會的唯一方法,就是提高和你談話的人數,然後增強他們花時間跟你見面的理由。

這對銷售過程中的每一個步驟都適用,無論是後續追蹤、傳單、普通信件、電子郵件、社群媒體、電訪、登門拜訪、活動、會議,或任何你採取的行動。過度承諾你的活力、資源、創意和堅持。知道自己在每個活動、每次採取的行動,和在商業世界的每一天都是全押。

好了,你可能會跟很多人一樣,擔心說得到做不到。那的確會是一個問題,然而,就像我們先前的討論,你需要有新問題出現,那表示你往正確的方向前進,而且正在進步。學會先許下承諾,再決定將來要怎麼表現。多數人就是從來不用力求表現,相反地,把時間花在讓思緒留在那些可能永遠不會發生的事上圍繞著。任何人只要不想面對新問題,且抓住老問題不放,他或她的生活必定停滯不前。簡而言之,如果你沒為自己製造新問題,那麼你做得還不夠。

你需要面對那些挑戰你的新問題和困難,讓你能持續找出和創造解決方案。如果你在下午兩點鐘有太多人要見,或你(開)的餐廳門口有排隊人龍等位子,這樣不是很好嗎?成功

的人與不成功的人之間一個主要差異就是,前者去找問題來解決,而後者想盡辦法逃避它們。記住:過度承諾,全押,採取大量行動,用更大量等級的行動作後續追蹤。你將會製造新問題,並且交付出連你自己也感覺驚豔的成果。

練習

「全押」的意義是什麼？
_____
_____
_____

為什麼社會上多數人都不鼓勵它？
_____
_____
_____

業務人員失敗的原因是什麼？
_____
_____
_____

填寫以下空格：如果你_____承諾且_____交付成果，你會讓自己成長茁壯，因為_____。

為什麼我們希望新問題出現？
_____
_____
_____

第十四章

走一條少人走的路

在我撰寫本書的此刻,我們的國家仍經歷著相當嚴重的經濟壓力。失業率和財務上的不確定性,到達了自大蕭條(Great Depression)以來從未見過的最高點。在這樣的重大經濟緊縮時期,世人深信應該縮減消費、儲蓄、小心謹慎和警醒。這種心態著重於自我保留和資產保護,而這種思考肯定不能讓你得到想要的事物。而且,雖然世上多數人已經進入一種緊縮狀態,極少數的個人和公司仍在用擴張來獲利。這些人知道,這種緊縮時期正是他們從那些降低支出、採取守勢的人那邊搶到生意的天賜良機。

緊縮是逃避的一種形式,它違反十倍勝法則的觀念——要求你無論在什麼樣的情況和環境下,持續大量行動、生產與創造。我承認,在其他人採取自保方案的時候要你這麼做,既困難又違反直覺。然而,這是你利用時機的必要手段。記住:無論任何時間在這個世界上發生任何事,多數人都不會採取大量

行動。雖然，有些時候你的確必須防衛、逃避與保守，這麼做應該只是暫時的——為了能夠把自己準備好，加強自己後再度出擊。你絕不可以把緊縮當成一個持續的業務行為。雖然我們經常看到報導說，某些公司的失敗是因為他們擴張太快，實際上它們之中有許多情況並沒有這麼單純。多數公司失敗不是因為他們不斷進攻，而是因為他們並沒有適度地把自己準備好去擴張，以至於無法征服他們的領域。

持續且堅持擴張的想法是違反人性甚至惹人討厭的；它比其他任何單一行動都讓你顯得與眾不同。當他人緊縮的時候，你的擴張行為不應該被降級到只是被單純地看待。在真實生活中，維持這種紀律相當困難。不過一旦成功地讓它成為你固有的應對方法，你持續不斷強烈攻擊任何行動的能力，將不敵繼續前進的力量。任何的反對意見之出現，都是因為多數人一遭遇抵抗就停止進攻並撤退。這有點像是有人挑戰校園裡的霸王後拔腿就跑，後果通常滿慘的。如果你是這樣子去面對麻煩事，市場、你的客戶，和你的競爭者將不會相信你全心投入持續的進攻。你會發現那麼做不可行，而它行不通的唯一理由是因為你沒有為市場、你的客戶，和你涉入的競爭堅持夠長的時間，讓他們終於被你的努力所折服。長時間重複的進攻一定會

成功。

無論經濟狀況或周圍的人是否鼓勵你這麼做，你必須貫徹擴張的戰術。我會這麼說，是因為我們身處一個多數時候鼓勵緊縮的社會，等到它真的支持擴張之時，在整個週期中通常已經太遲了——就是因為這樣，才會有近來的崩盤。緊縮相關的新聞對你來說應該是個指標，要你往相反方向走。你不會想盲目地跟隨群眾，因為幾乎能肯定他們是錯的。與其跟隨群眾，不如領導他們！你的出路就是擴張、推動和採取行動，無論其他人怎麼說或怎麼做。

我看到同業中有人在最近的衰退期縮編員工，砍掉促銷預算——這表示我該開始加強自己的團隊了。我並沒有縮減員工或砍掉促銷費用；相反地，我在兩方面都增加。即便眼見我們的收益像其他人一樣縮水，我選擇削減我自己的薪水當作替代方案。我把這些錢拿去促銷業務，增加佈點，並且從其他正在撤退的公司手上拿到更大的市場占有率。事實上，我在那十八個月期間投入在廣告、行銷，和促銷方面的錢更多，更勝於我十八年的投入！我了解這有多麼違反自然。我完全同意這麼做很嚇人，而且我也經常批判自己的行為。但是我知道，要是我繼續鞭策自己前進，一定會取得驚人的優勢。

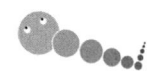

比我支出的金錢甚至更重要的是,我要求自己和員工們必須一再重複地擴大使用我們最寶貴的資源:我們的活力、創意、堅持和與客戶的聯繫。這麼做之後,我們會立刻在所有行動上提升生產力:電話、電子郵件、電子報、社群媒體貼文、登門拜訪、演講邀約、視訊會議、網路研討會、即時通訊(Skype)會議,以此類推。在那一年半當中,我出版了三本書,引進了四種新的銷售課程,為一個虛擬訓練場地製作了超過七百個段落的訓練教材,完成六百場廣播訪問,寫了一百五十多篇的文章或部落格貼文,打出上千通的個人電話。當世界上其他角落的人在撤退,我們在所有可能的面向擴張。

世界上幾乎每個人都深信他們只能儲蓄,而且也這麼做了。我一直覺得很有趣,一旦人們開始存錢,他們對其他所有事物立刻開始節省——幾乎到了自動自發的地步。就好像人們的心智無法區分減少帳單或銀行存款,與保留能量、創意和努力之間的差異。全世界的人都在縮減他們對金錢和努力的付出,只有少數人在擴張。你覺得勝出的會是誰?

人們問我,在狀況未明的時候如何決定,還有為什麼會決定擴張?我回答他們,「我寧願死於擴張,也不要在緊縮的狀態下苟延殘喘。」我寧可失敗在向前推進的時候,而不是撤

退之時。你想想這一點：在第七章中介紹過的四種行動等級，你選擇用哪一種等級來生活？如果你讓經濟情況來左右你的抉擇，你永遠無法掌控自己的經濟。

有什麼解決的辦法？離開你的沙發，遠離你家，找到投入市場的方法！跟客戶見面，尋求商機，讓他們知道你是市場先驅。必要的話，停留一小段時間，提升你的資源，才能準備好用更多的行動來擴張。你的能量、努力、創意和個性，比人造和機器印製的鈔票要值錢。儘管擴張事業一個最普遍的方法就是花錢，但它絕不是唯一的方法——它也遠不及持續與堅持採取十倍勝行動來的寶貴。

親愛的讀者，要記住十倍勝。你要以主導你的領域，和用大量行動來獲得關注為目標去擴張。只有那樣，你才能夠以製造新問題為目的擴張你的聯繫網、影響力、人脈和能見度。你將會持續擴張，直到所有人——包括那些應該存在的競爭者——知道你是主導的大咖，總會把你的名字和你做的事情聯想在一起。

練習

除了金錢以外,還有哪些方法能讓你用能量和創意去擴張?
_____
_____
_____

你曾經因為緊縮而獲益嗎?
_____
_____
_____

你什麼時候試過擴張你的努力?得到什麼結果?
_____
_____
_____

第十五章

破釜沉舟的決心

一旦你採取十倍勝行動且開始被注意到,你必須持續投入木柴到你升起的森林大火也好,營火也好,直到把這地方給燒了。不要偷懶,也永遠不要停歇。我也曾多次獲取成功之後滿足於現狀停下來休息,等吃盡了苦頭才學到這教訓。這是一個常見的錯誤。千萬別這麼做!繼續堆上柴火直到這火燒得很旺,讓火光發亮到甚至競爭者或市場變化都無法澆熄。你的火必須持續添加柴薪,這表示你需要更多木柴、更多燃料,以你的情況來說,就是更多行動。一旦你開始這麼做,幾乎會習慣成自然——因為你就要獲得勝利了。一旦你開始獲勝,持續採取大量行動是最容易且最自然的,而你只有用大量行動才會讓獲勝有可能發生。

在你開始「熱身」之後,你會很快意識到,甚至執迷於你面前的可能性,將會開始看到新等級的正面結果。你的行動將開始像個飛輪似的自己持續轉動,一旦開始行動,就會持續不

斷進行。牛頓提過慣性定律：動者恆動。持續採取行動，直到你無法停止向前的動力。你甚至可能發現自己有些廢寢忘食，因為你實際上是倚賴成功所產生的腎上腺素勉強維持生計。差不多就是這個時候，人們開始敬佩你，給你建言。對這些告訴你「你做得夠多了」的人，或是建議你休息一下去度個假的人，你得特別小心。現在還不是休息和慶祝的時刻；這是趁勝追擊的時候。安迪・葛洛夫（Andy Grove），英特爾（Intel）的創辦人之一，發明這個說法——「唯偏執狂得以倖存。」雖然我不建議你讓整個職業生涯都處於偏執的狀態，我的確相信，你必須持續承諾採取行動。就算一路上獲得成功，也請繼續用更多行動以超越你的目標，如此可以慶祝或休息的時刻終將來到。此時此刻，你得繼續添加柴火，直到你的火堆熱到沒有任何人，也沒有任何事可以毀滅你的成功。關於成功，有個問題是——它需要你的持續關注。成功通常降臨於那些最投入、最專注於成功的人。這有點像一片草坪或花園，無論草坪多綠或花園多美，你必須不間斷去照顧它。你必須持續割草、整理、修邊、澆水、種植，否則，你的草坪會變黃，花朵會枯萎。關於成功也一樣，若想創造成功並守成，你不能退縮。認為成功了之後就可以停下來休息，而不須再像他們當初達到今天地位

般的努力,這是一種迷思。

你要記住這四種行動等級:什麼也不做、逃避、普通程度的行動,和大量行動。十倍勝法則表示你將創造夠大量的成功,讓你能夠持續全盤掌控。夢想家和很接近成功者就是那些停止添柴加火並撤退的人。大量行動才能使你超越同儕並且脫離「滾輪跑步機」。要能不再為了競爭和未知擔心的最好方法,就是打造一個超大的火堆,讓它熱到全世界,甚至你的競爭者都會跑到你的火堆旁邊取暖。要記住,多數競爭是由那些不願意採取最高等級行動的人所製造的,他們只是仿效其他人的努力。加進火堆裡的木柴永遠不嫌多,行動永遠不嫌太多,成功的累積也不怕太多。什麼被談論或報導太多次、被提到的次數太頻繁、獲得太大的權威,或工作得太過度,沒這回事。這不過是平庸者的說法,用來為自己不求上進的決定找理由而已。

當你具有用之不竭的能力去創造新行動的時候,怎麼可能做得太多?看看世界上這些大咖,他們沒有人曾經把能量、努力、人力、想法,或資源消耗殆盡。他們有大量的天賦可以運用,是因為他們在自己的事業中創造豐富。所以,與其憎惡他們,你該崇拜和迎頭趕上。這麼做之後你將發現,你對新

行動的投入越多，就會變得越有創造力。就好像你的想像力被啟發，新的可能性就源源不絕地出現。創意不見得需要多了不起，是採取大量行動的能力激發了它。

我最近跟一家非常高調的公關公司在洛杉磯會面，公司裡的人暗示我有「過度曝光」的危險——我認為這是奇怪到極點的想法。所謂的過度曝光——關於你看得太多或聽到太多關於某個人的這種想法——是基於人不會持續創造新想法和新產品的想法而來。更深層的信念是，過度曝光的人或產品好像會變得沒什麼價值。但是想想以下這點：地球上幾乎每個人都知道可口可樂，世界上幾乎所有的商店、酒吧、飛機上、飯店中，都可以找到這家公司的產品。它是否過度曝光？它應該把產品隱藏起來嗎？這家公司應該擔心可口可樂被太多人聽過且喝過而退出嗎？這似乎是相當荒謬的一種想法。還有無數其他的產品或公司的例子能佐證——微軟（Microsoft）、星巴克（Starbucks）、麥當勞（McDonald's）、富國銀行（Wells Fargo）、谷歌（Google）、福斯電視網（Fox TV）、萬寶路（Marlboro）、沃爾格林（Walgreens）、艾克森（Exxon）、蘋果（Apple）、豐田汽車（Toyota）——還有某些運動員和名人名流。其實過度曝光通常不是問題，默默無聞才是。記住：如

果你不認識我（或不知道）我，那麼無論我的產品多好或價格多漂亮都不重要。要是真的這樣，我寧願過度曝光也不要默默無聞。

　　悲傷但真實的現況是，多數人甚至離生火還遠得很。他們要不是被錯誤教導、社會教化下遷就於較差的情況；就是害怕他們的行動會導致「走火入魔」。我跟你保證這些都不會發生。你必須把你的火堆造得巨大，熱到不僅可以燒了房子，還把途經之路都化為灰燼。全力以赴，然後持續努力直到你的火堆發光發熱，使人們立正崇拜你的行動力。別去操心你認為將面臨的阻力，不管是來自市場也好，競爭者也好，一旦他們見到你是這樣一股令人臣服的力量，他們會自動閃開。

練習

什麼樣的火讓你想開始點燃且添加柴火？
_____
_____
_____

為了添柴加薪，有哪三件事可以做？
_____
_____
_____

誰可以支持你讓你的火越燒越旺？
_____
_____
_____

第十六章

恐懼是個重大指標

一旦你開始用新等級採取新行動，遲早會感到恐懼。事實上，要是你還沒開始害怕，表示那些對的事你或許做得還不夠。恐懼不是件壞事，也不是你得避免的事；相反地，你要尋求且擁抱它。恐懼是一種徵兆，表示你正在往對的方向做必要的事。

如果你的生活中沒有什麼事情令你擔心，這代表了一種警訊，那就是你只做對你而言輕鬆愉快的事——而那只會帶給你更多你原有的事物。儘管聽起來很詭異，你會希望感到害怕，直到你敦促自己到了新的等級再次經歷恐懼。事實上，唯一讓我擔心的事就是缺乏恐懼。

恐懼到底是什麼？它存在嗎？它是真的嗎？我知道當你正在經歷時會感覺它很真實；但承認吧，多數時間你恐懼的事情甚至根本沒發生。有人說恐懼（FEAR）這個字是從貌似真實的虛假事件（False Events Appearing Real）而來，剛好暗指你所害

怕的大部分事情根本不曾出現。恐懼，通常是被情緒所挑起，而不是經由理性思考而來。依我的淺見，情緒被過度高估，它被許多人用來當作不行動的代罪羔羊。但是，無論你是否同意我對情緒的觀點，你必須重新修正對恐懼的認知，把它當作你前進的動力，而不是停滯或撤退的藉口。把這種你經常逃避的感覺當作你該起而行的指標！

很可能你小時候被荒唐的事情驚嚇過——好比說，床底下的妖魔鬼怪。那是個指標，讓你去檢查你的衣櫃和房間裡陰暗的角落，看看有什麼東西藏在那裡。但是最終所有的孩子都會發現，妖魔鬼怪只是活在腦海裡而已。成年人心中也有「妖魔鬼怪」——未知、被拒、失敗、成功等等。這些妖怪對你來說應該也是採取行動的指標。害怕跟上司講話，就表示你應該抬頭挺胸走進他的辦公室，並要求他給你一點時間。害怕跟客戶要生意，就表示你必須跟他們要求生意，而且得一直要求下去。

十倍勝法則迫使你讓自己在市場中脫穎而出。就像我先前強調的，去做其他人拒絕做的事情。唯有如此，你才能和其他人區隔開來，主導你的領域。因為市場是由人們彼此之間和與產品之間的互動所組成，而每個人或多或少都會害怕，所以就

第十六章　恐懼是個重大指標

像你和你的同儕一樣，市場也會面臨恐懼。但是與其和市場上多數人一樣把恐懼當成逃跑的指標，對你來說它必須是個起跑點的指示。

我解決這個衝突的方法是，在成功的要素中忽略掉時間這一項，因為時間就是恐懼背後的推手。你花越多時間在擔憂這件事情上面，它就會越強大。所以別再餵給恐懼最喜愛的食物——把時間從它的菜單上移除。舉個例，假設約翰必須打電話給客戶，這是項立刻讓他焦慮的工作。與其馬上拿起電話打給客戶，他倒了一杯咖啡，慢條斯理的思考他該做什麼。冗長的冥想只會讓他的恐懼升高，因為他想到這通電話所有可能的糟糕結果，和任何有機會發生的壞事。要是你問他，他可能聲稱他在打電話之前需要「準備」。但是，準備不過是那些不曾接受適當訓練的人用的藉口罷了——還有那些以準備為由，去解釋他們為什麼臨時抱佛腳的人。約翰需要的是，深呼吸，拿起電話，撥電話給客戶。臨時抱佛腳是另一種餵食恐懼的方式，加上時間，它就會更強大。沒有行動，什麼事也不會發生。

恐懼不只會告訴你該做什麼，也告訴你什麼時候該去做。在一天中任何時間問自己現在幾點？答案永遠都一樣：現在。時間總會是現在——在你感覺恐懼的時候，就是一種指標，當

下就是你採取行動最好的時機。從某個想法萌芽到真正開始行動，經過夠長的時間，但多數人仍無法貫徹他們的目標；然而，如果你把時間從過程中移除，你隨時都可以開始。除了行動，你已沒有其他選擇，沒有準備的必要。到了這個地步你才要準備已經太遲了。

好了，唯有行動會造成差異。每個人都有沒做到想做的事情之經驗。或許等你「準備好」做某件事，其他人早已經採取行動，現在你後悔了。失敗有很多種形式，無論行動與否它都會發生。不論結果如何，我會說，比起在你過度準備時讓別人醒過來搶走你的夢想，遠不如你在行動時遭遇失敗。

這種情節在商業世界裡天天上演。人們放太多沒必要的時間在恐懼。他們等著出門親自拜訪或打電話、撰寫電子郵件，或介紹他們的提案，因為他們害怕後果。無數人們用同樣的藉口去解釋「為什麼這不是個採取行動的好時機。」客戶正要離開這裡；客戶才剛剛到這裡；這是月底，或月初；客戶已經開了一整天的會；他們馬上要去開會；他們才剛買了某種東西；他們沒有預算；他們正在縮編；他們生意不好；管理高層或人員最近有變動；我不想去「煩」他們；反正他們從來不回我電話；沒人有辦法賣東西給他們；他們不切實際；我不知道該怎

麼開口；我還沒準備好；我昨天才打過電話給他們⋯⋯以此類推。

世界上所有的藉口都改變不了一個簡單的事實：恐懼是讓你去做害怕之事情的一種指標――而且要快。內人總是說我「看起來天不怕、地不怕。」事實恰恰相反，多數時候我是害怕的。但是，我拒絕把時間餵食給恐懼讓它壯大。於是，我選擇趕快把事情做完。我學會了這種方法對我比較好。一旦你終於能夠開始去做你害怕的事情，你也會有相同的經歷。事實上，你會很驚訝自己變得多堅強，對於嘗試新的事情多麼信心滿滿。

快速採取大量行動並重複執行，將確保你在市場上看起來勇者無懼。那些對他或她最恐懼的事採取行動的人，會是那些最能朝他或她的目標邁進的人。就讓市場上其他人臣服於焦慮，並且為貌似真實的虛假事件做準備。你有其他任務要完成。

恐懼是人類所經歷最無用的情緒之一。它使人們停滯，而且通常，它最終會阻止人們去追尋自己的目標和夢想。每個人在生命中都有害怕的事，而怎麼去面對恐懼才是讓我們與眾不同的地方。當你讓恐懼扯你後腿，你會失去能量、動力和信心

——而你的恐懼只會成長茁壯。

你曾經看過有人表演「吞火」嗎？看起來，他的訣竅在於耗盡所有火焰生存必要的氧氣。若是太早移開，氧氣會助燃——那麼，自然就會燒到自己。這個道理也適用於恐懼，要是你有一丁點的撤退，你就給了它存活所需的氧氣。所以，全力投入，把時間這個元素從等式中移除，將可撲滅你的恐懼並能採取更多行動。

消滅你的恐懼，不要用退縮來餵食它，或給它時間壯大。學著去尋找和運用恐懼，如此一來你才能確實知道必須做什麼來克服它，讓你的人生更進步。我所知道的每個成功者都把恐懼當作一種指標，用它來決定哪一種行動將獲得最豐厚的報酬。我把它運用在我的人生和每個得到的機會，好讓自己清楚我在成長且拓展自己。如果你沒有經歷過恐懼的感覺，表示你沒有採取新的行動和成長。就這麼簡單。創造一個美好人生並不需要金錢或運氣；它需要的是你有能力快速且有力地征服恐懼。恐懼，就像火焰，你不該逃離它，而是用它來為你生命中的行動增添動力。

練習

你最恐懼的三件事是什麼？
_____
_____
_____

哪些人可以幫助你或改善你的事業，但你害怕跟他們接觸？
_____
_____
_____

關於恐懼，在本章中你學到什麼？
_____
_____
_____

第十七章

時間管理的迷思

在本章一開始我先承認，我不認為自己在任何方面算是個好的經理人。我從來也不是個好的規劃者。事實上，我不曾撰寫過任何一份商業計畫書。但我一向能有效率地把自己管理的好到足以從零開始設立好幾家公司。雖然我的確把時間花在我認為最寶貴的事情上，但我從來不覺得時間管理是很重要的事。

在研討會上，經常有人問我有關時間管理和取得平衡的問題。在我的職業生涯當中，我發現那些最關心他們人生中時間管理和平衡的人，就是那些我們在前面章節中討論過相信「匱乏」這件事的人。多數人甚至不知道他們有多少時間可用，或是在這段時間內，哪些是最需要完成的工作。如果你不知道自己有多少時間可用，或需要多少時間，那你究竟該如何去管理與平衡它？

你該做的第一件事就是，把成功當作你的職責，設定確

實而堅定的先後順序。當然，我無法替你做這件事，每個人的優先順序不同。但如果成功對你而言是最重要的，那麼我會建議你把多數時間放在能創造成功的事物上。當然，我並不知道成功在你生命中的意義是什麼，它可能牽涉到一些不同的人和事：財務上、家庭方面、心靈層面、身體上或情緒上的幸福安康——也許你跟我一樣，全部！記住，可以是全部。我個人對於平衡興趣缺缺，我有興趣的是各方面都豐富充足。我不認為自己應該為了一樣東西犧牲另一樣。成功的人想的是「什麼都要」，但不成功的人們通常會對自己設限。他們會覺得「如果我有了錢，就不會有快樂」，或「要是我勤奮工作，我就沒時間當個好爸爸、好先生，或心靈富足的人。」事實上，使我興趣盎然的是，我注意到在可用的事物上自我設限那些人，往往就是那些會談到「平衡」的一群。不過，這種思維方式是錯的，時間管理也好，平衡也好，都無法解決。

在我看來，人們去操心時間管理和平衡實在是沒有意義。他們該問的問題是：「我該如何讓各方面都很充足？」成功的人大量獲取他們想要的事物，不會讓人從他們身邊搶走。那麼，要是一個人不快樂，他或她如何能覺得自己是成功的？要是付不出帳單、無法供養家庭，或總擔心未來，快樂又在哪

裡？一旦你達到了自己設定的目標，就表示設定新目標的時候到了。別再去想要魚或熊掌，開始想想魚和熊掌兼得。

在寫這段話的時候，一位客戶發了訊息問我，「你難道從來不休息嗎？」我開玩笑地秒回他，「從不！」我當然會休息，跟其他的人類沒兩樣。但是，我也很清楚還有多少時間可用，我的優先事項是什麼，而在我可用的時間內去達成這些優先事項是我的職責、責任與義務。請你持續記錄你的可用時間是怎麼花掉的，或許寫在日記裡。多數人搞不清楚他們的時間是怎麼用掉的，卻總是抱怨他們沒有足夠時間。

每個人每週有168小時，一週工時通常以40小時來算，美國的雇員在這168小時中，只有37.5個鐘頭有生產力（每天30分鐘用餐時間）。再說，多數人把37.5小時全都用在工作的可能性極低。事實上，普通人用他或她可用時間的22.3%工作，33.3%睡眠，16.6%拿來看電視或上網——況且這種比較還是假設他或她在工作時百分之百用在工作上！而這就是擔心平衡和時間管理的那些人！當你的時間未能充分利用，不均衡的狀況總會發生。

雖然多數人聲稱他們珍惜時間，許多人對時間的了解似乎不多。誰創造了時間？你創造自己的時間，還是某個人幫你

創造的？你該怎麼做才能創造更多時間？那句老話說「時間就是金錢」是什麼意思？你怎麼對待時間來確定你的時間就是金錢？你的時間應該拿來做什麼最重要的事情？這些問題都值得你深思，需要你的關注，才能盡可能利用時間。

讓我們假設你有75年的壽命，換算成一輩子你大約有65萬7,000個小時，或3,942萬分鐘。隨便拿一週的某一天來看，你有大約3,900個星期一、星期二、星期三⋯⋯等等。好了，嚇人的部分來了——如果你今年三十七歲，那麼你只剩下1,950個星期三可活。要是你的名下只有1,950美元可用，你會看著它慢慢變少，或盡你所能地去增加它？我相信我比多數人更懂得怎麼利用這1,950個星期三。增加時間的唯一方法，就是在你的可用時間之內完成更多事情。要是我能在15分鐘之內打完十五通電話，而你需要1小時，那麼我就創造出45分鐘時間給自己。靠著這種方法，十倍勝法則有機會讓時間翻倍。如果我聘用某個人，付他1小時15美元，讓他每15分鐘打十五通電話，那我的努力也成為雙倍，而我的時間也就成為金錢。

為了能夠真正了解、管理、儘量提高並從你的可用時間中擠壓出所有機會，你必須全盤了解和認知到你有多少可用時間。首先，你的時間得自己掌握，而不是把掌控權交給別人。

如果你聽到其他人討論時間這個議題，特別是關於他們工作花的時間長度，你或許會聽到一大堆抱怨。人們表現得好像工作是一種必須努力完成的事項，但事實上，他們只花極少的時間工作。多數人只是把工作做到剛好讓它像是份工作，而成功者卻是有節奏的工作，使工作得到令人滿意的結果，即工作本身就是獎勵。真正成功的人甚至不把它稱為工作；對他們來說，那是種熱情。為什麼？因為他們做得足以讓他們成為贏家！

有一種簡單的方法達成平衡——在辦公室的時候你更加勤奮工作。這麼做不僅讓你有更多時間，也會讓你體驗工作的報酬，把它變得比較不像工作而更像成功。試著用這種方法：心懷感激地出門工作，看看在你的可用時間之內能做多少。把它當成一種競賽、挑戰，讓它成為一種樂趣。

管理時間和尋求平衡的第一件要務就是，先決定事情輕重緩急。你最希望在哪個方面獲得成功，成功到什麼地步？把這些依照重要性書寫下來。然後，確認自己有多少可用時間，決定在你投入努力的各方面將個別分配多少時間。另一件重要的事情：每天記錄你的時間怎麼用的——我指的是每一秒鐘。這麼做能幫助你找出你把時間浪費在哪裡——那些對你邁向成功毫無助益的小小習慣和行動。所有稱不上為你的火焰添柴加火

的行動，都可以稱為浪費——想想Xbox（遊戲機）、線上撲克牌、看電視、小睡片刻、喝點小酒、抽根菸休息一下——潛在的事項永遠說不完。很殘酷，對不對？沒錯，如果你不管理時間，我跟你打包票，你會把它浪費掉。

當然，在你的生活和職業生涯中，情況會有所改變。你會成熟長大；你達成目標後有新的目標產生；不同的事物和人們會進入你的世界，所有這些變化都需要你持續不斷修正自己的優先順序。舉個例，那些為人父母者跟我講了很多年，說我因為沒有小孩，不會懂得在工作和家庭生活之間取得平衡的難處。其實我的第一個小孩最近剛出生，我非常肯定這件事將占據我更多的時間，而且我能夠親身體驗。我發現問題不在於平衡或工作，而是依照優先順序的解決方案。

女兒是激勵我創造成功的另一個理由——而不是逃避做更多的藉口。對我來說，她就是種激勵，讓我做得更好，因為現在我做的不只是為了自己，也是為她。你不能責備家人阻擋你創造成功，他們該是你渴望成功的理由！

看似不容易，但有方法可行。把自己和家人排進你的日程表，讓你能夠同時處理那些對你來說重要的事。舉例來說，我的方案是每天增加1小時與女兒相處。內人與我共同製作了一份

日程表，讓我可以留些時間給女兒和太太，且不會對讓我經濟上無憂的工作日程造成負面影響。內人和我做的第一件事，就是根據我們的優先順序建立女兒的睡眠時刻表。我們決定，我每天早1小時起床帶女兒出去走走。這麼做得以確保我在被辦公室整天的工作消耗之前，能花些寶貴時光跟女兒在一起，也能讓我太太的睡眠時間更充足。我從女兒六個月大開始就一直這麼做，而且它運行地很完美。我辦雜務時把她帶在身邊――例如每天早晨到本地雜貨店購物，把她介紹給店員。當我完成這個任務再散步回家，我就能運用其他時間好好在商業世界裡生產，而不受打擾。因為我讓女兒早起，所以我們能夠在晚上七點鐘以前哄她睡覺。然後我和內人才能像對情侶似的享受我們的珍貴時光。

我們了解，這個模式會一直持續演進，因為當女兒長大，修正是必然的。然而重點是，我們掌控自己的時間，而不是像無頭蒼蠅似地試圖管理它。我們設定優先順序的決定，與對一個解決方案的承諾，讓我們成為自己時間的主人。你越是忙碌，越需要去管理、控制和排序。雖然我沒有一個特定的公式能讓你像變魔術般輕鬆，但我告訴你：要是你下定決心要成功，同意掌控時間，你將會創造出一個符合所有需要的日程

表。

　　你必須決定怎麼運用你的時間。你必須下令、掌握，擠出任何一秒鐘來拓展你的範圍並主導整個市場。讓所有必要的人――你的家人、同事、屬下、員工――去認知且同意哪些是最重要的事項。如果你不這麼做，人們會因為不同的事項從四面八方拉住你。我的日程表對我來說可行，因為我生命中的每個人――從內人到同事――都知道什麼對我最重要，了解我有多珍惜時間。這讓我們能夠去應付面臨的每一件事情。

　　我們的文化經常鼓勵人們「慢一點、放輕鬆、慢慢來、要平衡」而且無論我們在哪裡或有什麼，都要「快樂」。雖然理論上這聽起來很棒，但對那些放棄掌握自己生活的人來說，這可能相當困難。多數人沒辦法「放輕鬆，慢慢來」――因為他們做得不夠，不足以將他們從卑微的生存當中釋放自己，而這正是因為採取普通行動的結果。工作應該提供一種目的、一個任務，和成就感。這些事情對每個人的心理上、情緒上和身體上的健康都相當重要。提倡新世紀，給予非大多數人體會的建議去「慢活」的那些人，在鼓吹一種對任何人都沒有任何好處的心態。想想這種心態創造出人類的特性：懶惰、拖拖拉拉、凡事都不急、懶散、習慣怪罪別人、不負責任、光享權利、期

望其他的人來解決我們的問題。

　　醒醒吧！沒有人會來拯救你的，沒有人會照顧你的家庭或你的退休生活，沒有人會為了你而「讓某件事發生」。唯一的辦法就是用十倍勝法則去好好利用每一天、每一刻。這麼做將能確保你完成你的目標和夢想。快樂、安全感、信心和充實感，來自於運用你的天賦和能量，去達成你認定的任何一種成功。它需要你時間的每一個小部分，是你的，而且只有你能夠掌控。

練習

你每天在工作場所的時間有多長？
_____
_____
_____

你每天花多少時間在浪費時間的活動上（例如，看電視、抽菸、喝酒、賴床、倒咖啡、與生意無關的人共進午餐或開會）？
_____
_____
_____

你自己有哪些浪費時間的活動？
_____
_____
_____

關於時間，本章教會你什麼？
_____
_____
_____

第十八章

別人的批評是成功的徵兆

雖然被批評絕對不是世界上最棒的感覺,我要告訴你一個好消息:受到批評肯定表示你做對了。別想逃避批評;相反地,一旦你開始做大事,就該預料到批評即將到來。

批評的定義是,一個人被其他人評斷他工作或行動的優缺點。雖然「批評」不見得「暗示壞的部分」,這個詞通常代表偏見或不贊同。字典忽略了像以下這些有用的資訊:一旦你開始採取正確數量的行動而創造成功,批評通常也就不遠了。

當然,多數人不喜歡被批評,但我發現這是得到關注後的必然結果。這或許是某些人一開始就避免受到矚目的原因——試圖逃避批判。然而,你不可能獲得重大成功而不受人注目。沒錯,人們會看著你,而且很清楚地讓你知道他們不贊成你的行為。讓我們面對它:無論你在人生中作了什麼抉擇,一路上總會有人批評你。難道你不是寧可讓那些嫉妒你成功的人批評,而寧願被你的家人、上司,或收帳的人批評你做得不夠?

一旦你開始採取足夠的行動，過不了多久，你就會被那些什麼也不做的人批評。要是你能創造巨大成功，人們會開始注意你。有些人開始仰慕你，有些人希望跟你學習，除此之外，多數人會嫉妒你。就是那些找藉口做得不夠的人，他們將找出理由來，告訴你為什麼你做得不對。

　　當你真的開始用十倍勝等級行動，你得預料並期望它成為某種成功的象徵。要注意：批評可能會以許多不同形式存在。首先，它可能會以其他人的忠告形式出現：「你為什麼花這麼多力氣在那一個客戶身上，他什麼也沒買過。」或者「你應該要更享受人生！工作不是你的全部，你知道吧。」這些就是人們會對你說的，讓他們自我感覺良好：因為你的豐富反映出他們的缺陷。記住，成功不是看誰比較受歡迎。成功是你的職責、義務與責任。

　　我有個好友在路易斯安那州做籬笆生意，他曾經對我坦誠，「葛蘭特，我不希望被注意到。每次一有人注意我，競爭者就會開始追著我跑。我想避開雷達飛行，如此就沒人知道我在幹嘛。」雖然那也是種邁向成功的方法，你不能「避開雷達」太久，又同時希望做到最好。保持低調好避免被注意（和後續的批評）或許表示你某種程度上逃避。你怕被攻擊的恐懼

阻擋了你全力以赴。然而,當那些專潑人冷水的人了解也認知到你會堅持到底,而且他們應該要仿效你的成功,而不是批判後,他們就會放棄你,去找另外一個人的麻煩。

懦弱且被打倒的人回應他人成功的方法就是攻擊它。你選擇去征服或取得領土的那一刻,就等於冒著成為這些人箭靶的風險。你常常在政治上見到,當無論哪一邊都提不出真正的解決方案時,他們只會互相批評和斥責彼此,而那麼做對任何人都沒好處。當受到任何個人或群體的批評,對受批評者來說都是個徵兆,表示對他們丟爛泥的那些人受到被她或他貶低的個體之威脅。像這種習慣性貶低他人者,通常覺得對自己的情況無能為力,只好去貶低其他參與者。

處理批評的唯一方法,就是把它當作你成功方程式中的一項元素。如同恐懼般,被批評是一種徵兆,表示你在做對的事情,對的行動量,獲得足夠的關注,激起足夠的火花。我有一位客戶最近打電話到我的公司,抱怨我的雇員太過積極地後續追蹤他。我回電並問他有什麼困擾。在聽到他不具善意的批評我的員工做他們分內的事之後,我說「別鬧了,他們只不過在做他們知道是對的事情,因為他們知道我們可以幫到你。你還不能下定決心走下一步並開始行動的這個事實,才應該受到

批評。但我不會這麼做，因為這對你或我們都沒有任何好處。好了，讓我們別再這麼負面，做些正面的事來幫助你的公司向前走。」接下來我會獎賞我的員工，因為他積極地對客戶後續追蹤。收到這類「追蹤太勤」的抱怨是一個指標，表示我的員工走對了方向。我拒絕讓這個客戶的抗議制止我們，我支持員工的努力。我們都了解批評是成功循環中的一部分，而且我不會替任何追尋成功的員工道歉。如果你想知道後續的話，告訴你我們拿到他的生意，而且這位客戶現在以崇敬的語氣告訴別人，並讚美我們「那些傢伙像瘋子一樣做後續追蹤。」

　　大學畢業時，我得到一份全職的業務工作，而不是從事我學有專長的職務。在幾年之間，我的業務成果使我成為那個產業前百分之一的頂尖業務員——把和我直接共事的同儕遠遠拋在後頭。如果你認為他們沒有批評我，你最好再想想。當然有！他們嘲笑我、奚落我，試圖使我分心，甚至試著說服我停止那些讓我達到目前地位的行動。表現差的人就會這樣做，他們讓那些做正確事情的人覺得他們錯了，好讓自己什麼也不做卻感覺良好！表現好的人，那些贏家會研究成功的人怎麼做，並且複製成功。他們訓練自己達到最佳表現者的等級。因為表現差的人不願意站出來負責任地提升自我的生產力，所以他們

能做的就是詆毀表現比較高等級的那些人。

當我的書《想要成交，拿出你的口袋名單》（If You're Not First, You're Last）榮登《紐約時報》暢銷書排行榜時，有些應該是競爭者的人立刻開始批判我。有個人說那本書書名「很傲慢」。另一個人問，「卡爾登以為他是誰啊？」還有人暗示我「過分自大」。有個人甚至打電話建議我去找個新的編輯，據他說，文法是錯的。我有沒有把這些評語放在心上？完全沒有。我可是出了一本紐時暢銷書呢！

就我所知，批評超越了崇拜，而且無論你喜不喜歡，它和成功形影不離。在成功之上繼續努力，遲早，這些貶低你的人會因為你的所作所為而崇拜你。那些一開始批評你行為的人，後來會歌頌你——只要你把批評當作成功的一種徵兆，持續以十倍勝加速你的行為。畢竟，還有什麼報復批評的方法比持續成功更好？

練習

關於批評,你學到什麼?
_____
_____
_____

你最想聽到什麼樣的批評?
_____
_____
_____

舉三個你看到人們對其他人由批評轉為崇敬的例子。
_____
_____
_____

第十九章

客戶滿意度是個錯誤的目標

藉由批評這個主題，順便帶入一個被過度使用甚至濫用的觀念：客戶滿意度。我在推廣十倍勝行動這個想法的時候，最先聽到的抗議之一就是，他們害怕這麼做會降低客戶滿意度。人們擔心，如果他們和他們公司因為太賣力推銷而顯得過度積極，對他們在市場上的名聲將有所損害。儘管我猜想這種可能性的確存在，但更可能發生的是，市面上充斥著為數眾多的產品和公司，可能根本沒有人知道你或你的公司，或注意到你們的品牌。我曾任職的全國有線電視頻道的董事會，注意到一個讓高層非常興奮的新節目，但擔心它與電視網品牌的調性不合。我告訴他們「如果你們不開始把流行和與人們相關的電視節目帶入人們家中，讓他們轉到你的頻道，未來你連一個需要你捍衛的品牌都不會有。」要是你沒盡全力做好你的工作，因此找不到支持者、客戶、可靠的投資人，並完成交易；之後又拿保護品牌和客戶滿意度作為擋箭牌，你手裡很快就會

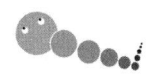

有一把鏟子，用來自掘墳墓。

　　客戶滿意度是個錯誤目標，增加客戶才是正確目標。這麼說並不表示客戶滿意度不重要。每個人都知道，客戶必須感覺滿足和快樂，他們才會是回頭客，幫你做口碑。如果你的服務或產品或投資不是為了滿足客戶而打造，那麼你是個罪犯，這本書只會讓你很快進監牢。而在你擔心客戶是否快樂之前，你的重點應該放在引起別人的注意，並創造客戶。

　　我簡單解釋一下。我其實沒那麼在乎客戶滿意度！為什麼？因為我知道我們交付給客戶的成果超出預期，提供的客戶服務遠遠超越「滿意」。對所有客戶都過度交付，除非絕對必要，我們從不拒絕客戶。我們在辦公室裡甚至從來不會討論客戶滿意度。我們有很多討論是關於如何取得更多客戶，因為吸引客戶來買我們的訓練課程，是提升客戶滿意度的唯一法則。你懂了吧，要是客戶未增加，就不可能提升客戶滿意度。無論有人報名加入每週免費訣竅、購買一本30美元的書籍、500美元的語音課程，或花100萬簽署長期訓練合約，我們總是超出預期地交付成果。我關心的只是找到更多客戶，接著我就會交付高於預期的成果給他們。

　　我最擔憂的是那些非客戶的滿意度；也就是那些感到不滿

意的人,有些人因為沒用我的產品,有些則是對自己不快樂缺乏自覺。我知道我們唯一不滿意的客戶,就是那些沒用我的產品,或未正確使用產品的人。我們會討論如何讓客戶增加使用我們的教材、系統和流程,這是唯一提升客戶滿意度的方法。找不到新客戶,或無法使客戶正確運用你的產品,對公認的客戶滿意度來說才是比較大的失分點。某個客戶遲一天收到包裹是個問題,應該要處理;但是若客戶從未買過你的產品,表示你真的有很嚴重的客戶滿意問題,因為你從來沒讓他成為你的客戶。第一個問題很容易解決;第二個才會真正致命。

我先找出適合跟我們往來的潛在客戶;接著再去接觸那個人或公司,直到他們願意用我的產品或服務為止,我知道他們之前從來不曾滿意過。這不是銷售辭令,我真的這麼認為。贏得客戶的重要性遠高於客戶滿意;要是沒有客戶,根本就沒有客戶滿意這件事!對我來說,得到客戶是最重要的。在家庭關係裡也同理可證:首先你得找到老婆,接下來才能讓她開心,之後讓家族茁壯,最後是找出新的方法來讓每個人都開心。所以首要之務是什麼?找到老婆更重於讓老婆開心。

一家公司若只是在乎客戶滿意度,是不可能創造成功的。我相信注重客戶滿意度這種趨勢已經損害到客戶。各家公司過

分執著於既有客戶的「滿意度」，往往錯失了積極取得新客戶，並拓展他們的市場占有率之機會。

客戶滿意度是一個商業詞彙，用來衡量一家公司銷售後供應的產品和服務之表現，是否符合或超越預期。這種評估應該是客戶之所以忠於某些品牌，而某些品牌卻乏人問津的主要指標。不過我去的多數地方，在銷售前所提供的服務，甚至不足以使我成為他們的客戶。

管理高層坐在他們的象牙塔裡吹捧著客戶服務有多重要，但是他們忘了告知要先取得客戶的重要性。多數我被迫購買的產品，若不是有他們的公司在背後推波助瀾，我根本不會注意到它們。很可惜，多數業務人員就算有機會也不願要求客人購買，也不做後續追蹤。因此，他們永遠找不到客戶。

我們為那些公司客戶舉辦的神祕客購物活動，一再地驗證這一點。這些公司最大的問題在於，他們未能在一開始就找到客戶！如果你提供的東西不夠好——產品品質不如你所說，讓消費者買回去後感覺受騙上當，市場將很快淘汰你。不過，多數人失敗不是因為他們提供次級服務或爛產品；多數人失敗是因為他們從沒獲得足夠的客戶！

星巴克（Starbucks）是否提供最好的客戶服務和咖啡？我

不知道。但我知道這家公司投下大筆資金，讓人們買他們的咖啡既輕鬆又容易。星巴克在乎客戶必須排很長的隊伍才能被招呼，並且買到他要的咖啡？當然在乎。但我跟你保證，這家公司首要關切的是贏得客戶。谷歌提供了最棒的搜尋引擎，最好的客戶經驗跟服務嗎？他們是否想改善客戶經驗？當然！但是他們無疑地得先征服了這個領域，得到相當的注意，讓他們成為人們優先使用的搜尋網站。我想表達的重點是什麼？真正令客戶滿意的品牌首重的不是客戶服務，他們著眼於客戶取得。發展中的公司組織首先要做的，是讓人認識他們，接下來才是盡全力讓客戶高興。記住，若是沒有客戶，也就沒有客戶滿意度這回事。

美國的公司對「客戶滿意度」這件事變得很執著，讓他們忽略了最優先也最重要的元素：取得客戶！「把最重要的事當作最重要的事」南方人這麼說。客戶滿意度不應該是一個去追求的目標，而是一個組織與生俱來的，他們所有的注意力都應該放在取得客戶上面。引起潛在客戶或市場的關注，卻沒有好好利用它為你的產品或服務取得更多使用者，這一點道理都沒有，也是最昂貴的錯誤；然而它卻發生在太多的公司組織上。

假設某家公司成功地吸引我長時間注意並考慮他們的產

品，但是他們的所作所為還不足以賺到我的錢，並且「把我結案」（也就是讓我變成客戶）。如果我不是他們的客戶，我就不可能是一個滿意的客戶。我要說的就是千萬不要本末倒置。我注意到某些管理高層有多在乎客戶滿意度，並且對既有客戶開始著手進行客戶滿意度問卷調查——但卻徹底忽略了去調查那些沒能成為客戶的人。這是一個天大的失誤，也是「唯一做法」（第十章討論過）——如何讓你獲得更多客戶的一個良好範例。除了對既有客戶做問卷調查，也要蒐集那些非客戶的意見，公司才能知道更多所謂真正的客戶滿意度！你難道不想知道為什麼沒拿到這筆生意？你認為自己無法滿足客戶需要，所以連提都沒提出要求？多數公司失敗的原因不在於他們的產品、服務，或內容的品質不夠好；他們失敗是因為一開始就不曾採取足夠的行動去取得支持——也就是客戶。這就是為什麼我會說客戶滿意度是錯誤的目標——因為你若沒辦法把某個人轉化成客戶，你根本連讓他「滿意」的機會都沒有。

我想說的不是在得到客戶之後便忽略掉客戶滿意度，而是應將你的注意力轉移到贏得客戶。你也要了解，想完全避免客戶抱怨幾乎是不可能的事。當然，你總能採用某些方法改善你的產品或服務。但當你應付的是人類，就一定得面對抱怨和不

滿意。就這麼簡單。你所能做的最好的事情，就是在抱怨和不滿一開始發展時就去解決它們（我保證，一定會有），把它們當作是與你的客戶溝通之機會。你需要的是有更多人跟你的產品或服務以及你的公司有交流之機會。沒錯，面對人類的時候就會有抱怨增加，但讚賞也會伴隨而來。透過大量行動增加你產品或服務的使用者，而不是透過大量的計畫方案使你的團隊從取得客戶的戰場上撤退。

我設立第一家公司時抱著天真的想法，以為我可以只維持少量客戶，並把注意力完全集中在他們身上（藉此得到客戶高度滿意）。我假設這麼做能賦予我一種市場優勢，交付高品質的服務而真的與眾不同。儘管這是個不錯的點子，然而這麼做就是行不通。首先，這個計畫沒能讓我的客戶數多到觸角夠寬而引起注目，我離主導市場的目標還有一大段差距，更不用說沒有足夠的現金流來持續支援客戶。同樣重要的，它沒辦法讓我跟夠多的成功人士分享資訊。

當我終於把思考調整到正確的等級，並且下決心擴展我的足跡和取得十倍的客戶，我曝光的程度大幅增加了十倍之多，客戶名單中增加了我一向逃避的成功之個人與公司。我的重心轉移到極大數量而不僅是服務少量客戶，增強散播關於我自己

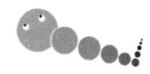

和公司的能力,人員增加了很多。我收到的抱怨的確更多,但收到的讚美也一樣。事實上,我享受的成功多於嚐到的失敗,因為有更多人使用我的教材而認識我。參加我的研討會和討論的人數增加,使我的好客戶之數量也增加,而接收到我的概念和技巧的個體,人數也跟著擴張。更多人會跟他們的同事談論我的方法論,這些同事又會散佈消息給他們認識的人,以此類推。越多人談論我,我就越能夠擴展我的佈點,得到更多關注,取得更多客戶,接著創造更高的客戶滿意度。這樣去想吧:要是臉書或谷歌的服務只提供給少數人,他們會比現在好嗎?如果會的話,我根本就不會拿他們來舉例。

客戶滿意度的實踐不限於贏得客戶之後如何對待他們,也應該注重你一開始怎麼做以取得客戶。你所贏得的客戶品質,直接影響到客戶滿意程度。先求有,再求好。你也要記得我們在前面一章討論過的:批評和抱怨是無可避免的指標,表示你往對的方向成長。所以別在意批評,樂於接受並處理抱怨,盡你所能地擴張你的足跡。你服務的人越多,就越有機會和優質客戶產生互動。

再說清楚一點,你當然渴望滿足或超越你所作的承諾。然而,要是你在取得客戶之前就著重於非凡的十倍勝服務,這部

分就會自然而然地出現。我假設你有很好的產品、服務、想法或投資，現在你必須為它們提升你的支援基礎。令人遺憾，每天都有數以千計現存的公司販賣次級產品。我當然不是要建議你推廣低標準的產品，或犧牲產品的品質；我想強調的是一個令人遺憾的事實：征服市場占有率通常凌駕於所有其他事情。販賣爛產品的公司把取得客戶當作他們的首要之務，客戶進來後，再用他們的產品或內容去應付所有問題。

世界上沒有任何一家限制自己取得客戶的公司能創造巨大的成功。蘋果電腦花了太長的時間，付出太多代價才學到教訓，數十年來被微軟（Microsoft）壓得死死的――一家被所有蘋果使用者聲稱販售爛產品的公司――這是因為，當微軟將它的商品變得大眾化時，蘋果注重的只是小眾。你看看蘋果在前幾年發生的轉變，讓大眾為它的產品所吸引。全體家戶約有3%擁有iPad，有63%使用MP3播放器，而其中有超過45%的占有率歸蘋果所有。蘋果電腦最近很顯然採用了極度「大量行動」，旨在用它的足跡征服市場！

記住，即便你的產品和公司完美地交付成果，你還是會收到客戶的抱怨――因為他們是人，你不可能總是讓每個人滿意。害怕被抱怨是錯的；相反地，你該鼓勵抱怨，搜尋它們，

找出它們,並解決它們。你的客戶抱怨是以一種相當直接的方法來向你反應,該如何使你的產品更好。要是你處理所有微妙的情況時擔心害怕冒犯客戶,那麼你將永遠無法在市場上占有主導地位。

讓我們回到蘋果電腦的例子。現在,這家公司不再因為太過憂慮客戶滿意度,而忽略持續打造讓人們願意排隊等待購買的產品。他們接受目標有優先順序:(1)贏得客戶(藉由你運用十倍勝等級努力,去創造令人驚豔的產品或服務);(2)在取得客戶的過程中讓他們印象深刻,覺得你很棒;(3)建立客戶忠誠度(經由反覆購買、支持、口碑行銷等等)。當你在建立事業時,你的主要目標並不是客戶滿意度,而是獲得、介紹和忠誠;接著運用你已經贏得的客戶再獲得更多客戶。我希望每個人都有我的產品,而不僅少數人有。我要大眾——不是小眾——認識我和我的產品。我要到六十億人都知道我才滿意。我要所有人一再向我購買,我要常常出現在他們的腦海裡——而且對他們和他們的公司有重大影響——讓他們根本想不到用其他人的產品。

這種特定的思考方式和全力專注在客戶滿意上是不同的,業務團隊擔心後者會被激怒、施壓,或因為太過積極而危及客

戶對他們的觀感。我知道有些業務團隊會因為收到客戶抱怨而被懲罰，這一點在我看來很怪。有幾個原因：首先，那表示這些牢騷是可以避免的，但很明顯地它們不該被避免。就算你能避免它們，為什麼要那麼做？抱怨和問題都是做更多生意、解決更多問題的大好機會——讓你的客戶有機會告訴其他人你有多棒，能夠解決他們的問題！

要是你真的想找出你公司取得客戶忠誠度的弱點在哪，就對那些尚未成為你客戶的人做問卷調查。越快問他們問題越好——最理想的是在他們離開你，或拒絕你生意的那一刻。一定要問到與過程相關的，而不是和人相關的經驗。你可以問下列這類問題：

你在這裡多久了？

見到經理了嗎？

是否有人展示其他可選擇的產品？

有人提出建議給你嗎？

是否有人提議把產品帶到你家／公司？

儘管打電話到我的辦公室，我會指導你如何為你的特殊狀

況展開問卷調查（800-368-5771）。我們能幫助你找出該問什麼問題，才能準確指出哪裡出了狀況。

你上一次被要求提供經驗回饋給某家公司，告訴他們你決定不予購買是什麼時候？業務人員是否給你足夠的關注？在你的決策過程當中他們都陪在你旁邊嗎？他們是否很熱情的招呼你，主動幫你解決問題？管理階層有人出來問候你，告訴你不同的選項——甚至展示他們的產品或提案？是否有人做後續追蹤？我猜多數問題的答案都是否。公司會失敗不是因為他們得罪客戶，而是因為他們最初沒有採取足夠行動，好把這些人轉換成他們的客戶。而且我可以跟你保證，就是這些公司，開了一次又一次的會議，試圖去改善客戶滿意度。他們會針對那些跟他們購買產品的客戶做問卷調查，而不是花時間去詢問那些未成為客戶的人原因在哪裡。此外，這些問卷調查多數把焦點放在業務團隊哪裡沒做好，而不是整個公司的想法和流程有什麼不足之處。

記得要依照重要性順序實行：取得客戶是首要目標，接著是客戶忠誠，然後是客戶替你做口碑。這種做法使得一家公司得以持續投資在產品開發與改善、強化流程，和提高銷售——最終創造出真正的客戶滿意度。

練習

你是否曾為你未曾購買產品的公司做過問卷調查？
_____
_____
_____

比客戶滿意度更重要的是什麼？
1_____
_____
2_____
_____

多數事業失敗的原因是什麼？
_____
_____
_____

對你沒爭取到的客戶做問卷調查，哪些是你會問的問題？
_____
_____
_____

第二十章

無所不在

「無所不在」這個詞傳達了一種概念:出現在任何地點、任何時間。你是否能想像——如果你自己、你的產品、你的公司能在任何時間出現在任何地點,這是多強大的力量?雖然看起來似乎是個不可能的任務,你的目標應該要像這樣。這個地球上被視為最寶貴的東西,應該總是隨處可得。如果你的思考無法讓你的想法、產品、服務,或品牌普及化,就不可能獲得真正的成功。人們最依賴的東西都是無所不在的,從你呼吸的氧氣到喝的水、汽車所需要消耗的燃料、經過你家的電力,到地球上最驚人的品牌產品。這些項目的共通點就在於它們隨時隨地可取得。你能不斷看到它們,依賴它們,進而習慣需要它們,大多時候你會天天需要它們。

想想某件看起來很明顯的事,好比新聞、電視頻道、報紙、收音機和網路新聞——一天二十四小時,一週七天,無所不在,所以它最常出現在人們腦海裡。我們起床會看它,在飲

水機旁討論它,整天都會聽到它,睡覺之前我們還從電視上看到它。

這就是你必須秉持的心態:讓自己無所不在。你希望人們常常看到你,他們才會經常想起你;不光是你代表的產品,甚至當你的同業提供他們類似的產品時,也會瞬間想到你的臉、你的名字或商標。很多人誤以為他們可以光憑幾通電話,一、兩次登門造訪,和發出幾封電子郵件就能因為某種原因引起人們的注意。但事實上,這些行動中沒有一項足以讓人們想起你,並造成深刻的影響。你是否運用正確等級的目標設定,目光放得夠遠大?如果還沒有,你得擴展你的觸角,拓寬你的足跡,把主導市場和無所不在當作目標。

最近,我的目標是讓六十億人經常聽到我的名字,一聽到名字就知道我是誰;接著,每當他們一想到業務訓練,就想起我。雖然這目標聽起來不太實際,或許根本做不到,不過無所不在對我的事業來說是正確的目標、思考、足跡和觀念。光是許下承諾要達成這麼大的目標,這件事本身就是個冒險。而就在我能夠完全達成目標之前,我將在嘗試的過程中達到更進一步的成功。我會賺到更多錢嗎?當然!人們會買我的產品嗎?肯定會!不管我想達成什麼目標,我能用我的想法創造成功

嗎？保證會的！

　　這種心態讓我們在作任何決定時，都能以使地球上所有人都知道我、我的產品、公司，和我的努力為目標！我們在公司作的每個決定，都是基於一個使命：讓全世界的人都知道葛蘭特・卡爾登。雖然達成目標必須有資金支援，然而我們的目光主要並不是放在金錢上。當我們努力往無所不在的目標邁進，我們知道利潤將會隨之而來。我們不去問一個計畫成本多少，或它是否符合預算，或我們是否有時間做某些事。我們想問的是，這麼做能不能對我們希望的無所不在之願景有所助益？我們不會只為了搞清楚是否該出差或對一小群人演講，或這麼做的結果如何而停下腳步。我們很單純地不想被任何藉口或被分心去限制我們的發展。同樣的，你想要讓你自己、你的品牌、產品或服務無所不在的任何念頭，都會自動引導你的行動和決定。

　　這樣的想法會太過好高騖遠嗎？對多數人來說，它是的。這麼做絕對必要嗎？如果你願意甘於平凡，就沒必要這麼做。但要是你在考慮「普通」這件事，回頭重讀那些關於普通等級的目標為何失敗，為什麼普通這件事不可行。告訴我有哪一家偉大的公司沒做到無所不在。可口可樂（Coca-Cola）、麥當勞

（McDonald's）、谷歌（Google）、星巴克（Starbucks）、菲利浦・莫里斯（Phillip Morris）、美國電信（AT&T）、樂至寶（La-Z-Boy）、美國銀行（Bank of America）、華德・迪士尼（Walt Disney）、福斯電視網（Fox TV）、蘋果（Apple）、安永（Ernst & Young）、福特汽車（Ford Motor Company）、威士卡（Visa）、美國運通（American Express）、梅西百貨（Macy's）、沃爾瑪（Wal-Mart）、百思買（Best Buy）——這些名字無所不在。所以這些公司在每個城市，有些甚至在每個街角，幾乎全世界都有。你看到它們的廣告，你知道它的商標長什麼樣子，你甚至能哼上幾段它們的歌。它們的名號不光是用來形容它們自己的產品，有時候還會拿來形容其他競爭者的產品。

還有某些個人也達到了無所不在的境界，一聽到名字，世人立即知道是誰，例如：歐普拉（Oprah）、比爾・蓋茲（Bill Gates）、華倫・巴菲特（Warren Buffett）、喬治・布希（George Bush）、歐巴馬（Obama）、林肯（Abe Lincoln）、貓王（Elvis）、披頭四（The Beatles）、齊柏林飛船（Led Zeppelin）、華德・迪士尼（Walt Disney）、威爾・史密斯（Will Smith）、泰瑞莎修女（Mother Teresa）、拳王阿里

（Muhammad Ali）、麥可‧傑克森（Michael Jackson）、麥可‧喬登（Michael Jordan）……等等。無論你是否喜歡他們，這些人為他或她自己打造了世人皆知的名聲——或至少，認得他們的名字，了解他們的重要性。他們管理和控制自身品牌的方法，決定了他們長期成功與存續的可能性。

家父總是給我以下寶貴忠告：「你的名聲是你最重要的資產。（人們）能搶走你任何東西，但搶不走你的名聲。」雖然我同意家父強調名聲的重要性，但要是沒人知道我是誰，那麼名聲也就沒那麼重要。除非別人知道你，沒有人會在意你代表什麼。你必須先讓別人知道你，也就是必須讓別人注意你。你得到越多的關注，就會出現在越多地方；你認識的人越多，就越有機會無所不在。這些都會提高你運用你的好名聲跟做好工作的機會。

你是否曾經聽過一句話「只要能幫助一個人就算值得了？」雖然能夠幫助到一個人也算好事一樁，當然比沒有幫到任何人好，但我個人並不真正相信幫助一個人就夠了。我明白這句話聽起來很正確，它是想強調助人的重要性，但地球上有六十八億人口，多數人需要某種幫助，你的目標必須大於只是幫到「一個人而已」。為了讓這件事發生，人們必須知道你是

誰，你代表什麼；否則，你連一個人都幫不了，連六十八億的邊都碰不到。

你必須時時刻刻皆想著無所不在這件事。這是征服你的領域必備的十倍勝心態。如果你承諾持續採行十倍勝行動，更用十倍勝行動來追蹤後續，那麼我保證，你會發現自己被推向無所不在的境界。首先，你必須突破默默無聞的階段，讓世人知道你能為世界做什麼，而且毫不厭倦地做。雖然聽起來像是苦差事，要是你的目標小到只為了尋求自己的好處，它才會變成一種乏味的例行工作，而且達不到。我敢打包票，等你爬到頂端時就不會覺得那是苦差事。你可能想變有錢，但為什麼？你想把錢拿來做什麼？你有更深層的目標想要完成嗎？畢竟，你只能累積這麼多的個人財富，直到它對你再也不重要為止。或許你希望累積財富來幫助更多人，改善人類的情況。那會需要你無所不在──隨時隨地都在。

你的目的越崇高，你就需要更多燃料來為你的十倍勝行動添柴加火。這會是你躍升到無所不在所需要的動力。那些名聲在外且具影響力的人們之所以能功成名就，是因為他們迫使自己完成目標，藉由寫書、接受訪談、寫部落格、寫文章，接受演講邀約，不斷同意為自己、他們的公司和計畫爭取關注。這

都是思維遠大的結果。這並不是苦差事；這是熱忱。只有當你的心態和行動太小，無法製造優渥的報酬時，才會變成無聊的日常瑣事。你能做的比你現在做的要高明多了。一旦你用正確的心態符合對的目標，你就會開始採行十倍勝行動，且同時發現自己被推向你本來認為不可能的更多地方。

為了讓生活不必像是在「工作」，或像天竺鼠在跑步輪上一般，你必須以足夠的能量思考。無所不在，隨時隨地同時出現在任何地方，這正是多數人在自我期許和夢想當中缺少的那種大量思考。

首先你得立下誓言，要讓你的頭腦、想法、觀念、公司、產品，或服務在地球上立足。為了做到這一點，你必須投入到你的社區、學校體制、社區和當地政府。你必須參加活動且被看到，在本地報紙上寫文章，與社區中的重要人士交往。一旦你開始投入，想盡辦法讓自己維持活躍，讓人們看到你，聽到你，想到你。接受所有能幫你宣傳的機會。撰寫它，談論它，用演講來說明你在做什麼，必要的話在街角狂叫也行。下定決心無所不在！

一直到我遭受那些見不得我好的人之大力攻擊，必須想辦法對付他們的時候，我才學到這個不可思議的重要教訓。我立

即的反射動作是,用身體上的傷害來報復(我那一刻可能是得了失心瘋吧)。接著,內人提醒我一句我自己說過的話「取得巨大成功就是最好的報復」。她告訴我,應該用這種能量向前邁進,以強大的形象,讓這些人只要每天早上醒來打開電視,或在業務上有什麼動作,他們就會看到我的臉——提醒他們我有多厲害。從我那理智又正面的內人口中聽到的事實,讓我立刻和緩下來——而且讓我很清楚知道,可能的最佳報復不會是任何形式的武力,而是簡單地取得成功。

　　與其把力氣放在報復,我把所有的精力、資源、創意放在做到無所不在和擴張我的足跡。與其找某個人報復,不如把活力拿來做更好的投資。想想你該怎麼用這個實例,找出能同時出現在更多地方的方法。經過這次攻擊之後,我忙著確定自己隨時都能被看到。我寫了第一本書,三個月之後又出了另一本,然後我完成第三本書。我的團隊花了幾個月的時間,盡其所能把它變成《紐約時報》暢銷書——而且他們做到了!

　　我們的目標是儘可能把關於我的資訊和教材傳播出去。一開始先用YouTube和Flickr提供激勵類的視頻、銷售技巧,和商業策略給我們的客戶,並請求人們將它們轉寄給他們的朋友。在十八個月間,我自己就錄了兩百多個視頻,寫過一百五十篇

部落格文章,接受了七百次廣播專訪。接下來,我開始在全國電視網和有線電視節目上曝光。Fox、CNBC、MSNBC、CNN電臺、WSJ電臺,還有更多節目邀請我上節目。同一時期,我在臉書(Facebook)、推特(Twitter),和領英(LinkedIn)上的貼文超過兩千筆。這些都是在我的辦公室裡認真努力地把我的名聲傳播出去之外更增加的部分。我的臉、名字、聲音、文章、法論,和視頻,開始出現在每個地方——許多還同時出現。和我有過業務往來的人開始對我說,「我到哪裡都看到你!」我全神貫注在擴展我的足跡,讓世界上其他人知道我,而不是為了一小群人的批評而灰心喪志。

我的事業在各方面都開始起飛。每天都有新的機會湧入。我們開始受到的關注,不僅來自於我們專注的領域,更來自全世界。在這個促銷活動之後,我的書被翻譯成中文和德文。現在知道,連法國、墨西哥、南非,以及其他國家都對我們的業務訓練計畫和書籍有興趣。美國本地和海外都有意請我上電視節目和雜誌接受採訪。我不是在吹牛,而是要告訴你,一旦你以正確的等級採取對的行動,開始以正確的規模去思考,事情將會如何發展。

所有偉大的公司、點子、產品和人,都做到無所不在,

它們隨處可見。他們掌握了自身的領域，與他們所代表的事物劃上等號。真正的成功要以它的壽命來衡量。所以，要是你希望長期保持悸動和熱情，那就把無所不在當成你恆久不變的目標。唯有夠多人知道你，使用你的產品，如此你的名字、品牌和聲譽將是你最寶貴的資產。記住，對那些想打擊你的人扳回一城之最好方法，就是打響你的名號；讓他們只要一抬頭，每天早上起床後到睡覺之前，你和你的成功都如影隨行。

練習

無所不在是什麼意思?
_____
_____
_____

你必須採取什麼步驟,才能變成無所不在?
_____
_____
_____

採取這麼多行動,讓市場將你的名字和你代表的事物劃上等號,對你有什麼好處?
_____
_____
_____

要報復對你的批評,最好的方法是什麼?
_____
_____
_____

第二十一章

絕無藉口

好了，現在我們該來看看你為了避免這一切發生打算使用的藉口。每個人都會找藉口。事實上，多數人都有他們一直重複使用，偏好的藉口。我很確定你的藉口已經開始成型，所以，與其忽視它，乾脆讓它出現，對抗這個小惡魔，讓它以後別再來打擾你。

所謂「藉口」是為做某件事，或沒有做某件事，給予一個正當理由。字典暗指它是一個「理由」，但我認為，事實上藉口往往不是激勵你去行動（或不行動）真正的理由。舉個例，你上班遲到的藉口可以是因為塞車；不過那並不是你沒能準時上班真正的原因。你遲到是因為你離開家時沒有預留足夠的時間為塞車做緩衝。藉口永遠不會是你做了或沒做某件事的理由，它們只不過是美化過的事實，你捏造出來的，好讓自己對發生（或沒發生）的事情感覺良好。找藉口不會改變你的狀態，唯有去找出背後真正的原因才有用。藉口是給那些拒絕為

他們的人生和後果負責的人所用。只有奴隸和受害者才會找藉口，而他們永遠註定要吃其他人的殘羹剩飯和受其他人的氣。

關於藉口，首先你該知道的就是，它們永遠不會讓你的狀況變好。第二，你該知道哪些是你經常使用的藉口。以下這些是不是很耳熟？我沒有錢、我有孩子、我沒有孩子、我結婚了、我沒結婚、我必須在工作和生活之間找到平衡點、我工作量太大、我工作太輕鬆、太多人在這裡工作、我們沒有足夠的人、我老闆爛透了／都不幫我／不肯放過我／很負面／太糟糕、我不喜歡閱讀、我沒時間唸書、不管做什麼時間都不夠、我們的價格訂太高、我們的價格訂太低、那個客戶不回電話給我、客戶取消我們的會面、他們不告訴我真相、他們沒有錢、經濟很糟、那家銀行不做放款、我的雇主很小氣、我們沒有／找不到好的人、沒人有士氣、他們態度很差、沒人告訴我、那是別人的錯、他們一直改變主意、我很累、我需要度假、跟我共事的人都是魯蛇、我覺得沮喪、我病了、我媽病了、交通狀況很糟糕、競爭者在大放送他們的產品、我運氣實在很背……。

感覺無聊了嗎？我知道我是！我得達到心靈最深處才能想出這些來。哪些是你曾經用過的藉口？回到上面，把曾經從你

嘴巴裡說出口的圈選出來。現在捫心自問，這些藉口當中，可有哪一個幫助你變得更好？我很懷疑。

所以，為什麼那麼多人這麼經常使用它們？它重要嗎？藉口只不過是現實的變相，它無法在任何方面幫助你使你的情況更好。「客戶沒有錢」這個事實不會幫助你成交。「我的運氣就是很背」這個事實無法改善你的生活狀況，或轉換你的運氣。事實上，要是你長期以來一直這麼告訴自己，你會開始預期情況就是這樣，那麼事情肯定會繼續壞下去。

你必須開始理解為某個事件找藉口，和提供真正、完美的理由之間的差異。這本書著重於區分成功和不成功之間的許多差異，而其中一個非常明顯的差別就是，成功的人不會找藉口。就算當他們事實上在給理由時也相當合理——至少在失敗的時候。我從來不會問我自己（或其他人），為什麼我沒辦法把產品推上市場、募不到足夠的錢，或無法創造足夠的銷售，因為就我所知，沒有答案能解答。沒有一個合理解釋能改變這些事實或狀況，而我可能提供的任何理由，只不過是一個機會，我還沒有去處理而已。任何你給自己的原因，都讓其他人有機會去找到解決方案。記得我在本書一再提及的：「沒有任何事是自己發生在你身上的，事情會發生都是因為你。」藉口

不過是這種說法的另一項元素——和你是否會成功的一個主要差異。

如果你把成功看成可有可無,那麼你就不會成功,就這麼簡單。沒有任何存在的藉口能或會使你成功。陷入自憐與找藉口的狀態,是一個人只願意承擔極小程度責任的徵兆。「他沒有跟我買,因為銀行不肯貸款給他。」不,他沒有跟你買是因為你無法為一個潛在客戶搞定適合的融資方法。第一個說法不為這個事件承擔任何責任;而另外一個說法則是願意承擔責任,並且努力找到解決方案。一旦你承擔更高的責任,拒絕找更多藉口,那麼你就會出去尋找解決方法。附加的好處是,將來你會避免這種情況發生。

物以稀為貴。所以,任何東西只要數量一多,就不值錢。藉口就是一項人人看起來幾乎無止盡供應的項目。因為它們太多了,所以一點價值也沒有。因為它們不會使你的渴望更進一步,為你創造更多成功,它們使你的活力白白浪費掉。如果你打算邁向成功,就要像本書一直教你的,成功不是可有可無,而是你的職責、義務與責任——因此你必須承諾永遠不為任何事情找藉口!你不能讓你自己、你的團隊、你的家庭,或公司裡的任何人再用藉口當作理由,告訴你為什麼某件事無法開花

結果。就好像那句老話說的，「要成功，就從自己做起。」

練習

藉口和理由的差別在哪裡？
_____
_____
_____

就你所知關於藉口的兩件事情？
_____
_____
_____

你曾經用過什麼樣的藉口？
_____
_____
_____

第二十二章

成功者具備什麼特質？

我這輩子大部分時間都在研究成功的人，我也找到這些人和成就較不值得一提的人之間的差別，答案跟你的期待或許不盡相同。這兩類人的差別與經濟、教育或人口統計都無關。儘管這些經歷和事件肯定會影響他們和他們的看法，不過那不是他們生活裡最終的決定性因素。我可以告訴你有哪些人雖然沒受過什麼教育、在破碎的家庭被撫養長大、環境惡劣，但仍然有辦法獲得空前的成功。

成功者之說話、思考、應付狀況、挑戰與問題的方法，異於多數人，他們對金錢的看法當然也不同。本章列出這些成功的人之所以成功的共同特性、人格特質和習慣，每一項都會附加我自己對各類別的一些想法。這麼做能讓你更加清楚你該培養的習慣種類和個性，並鼓勵你的員工和同事也去發展這部分。通往成功的不二法門，就是效法成功者採取的行動。成功與其他任何技巧並沒有差異。複製成功者的行動和心態，你也

能為自己創造成功。

以下清單,是我對成功者和他們做事方法的一些發現,為了達到成功的目標,你應該效法他們。

1. 抱持「做得到」的態度

面對所有狀況都抱持「我做得到」的態度,他們覺得無論如何都做得到。這些人經常使用的句子好比「我們可以的」、「我們可以搞定」、「我們來解決」——而且他們總是會確保解決方案出現。當這些人解釋和解決問題時,總是用正面的看法去看待他們遇到的挑戰。就算是最令人洩氣或看似沒救了的情況,仍然用一種「做得到」的態度。這種態度更勝於卓越的產品和較低價格,也是你能做到十倍勝大量行動僅有的方法之一。要是你不願意用這種做得到的態度去看每件事,那麼你就不是真的用十倍勝在思考。你必須相信且告訴其他人,一定有解決的方法——就算你得更努力一點才找得到。把這種「做得到」的想法,融入到你的說話、思考、行動,和對你認識的人之回應。幫助你公司的全體同仁培養這一種態度,每天反覆訓練它。找一個最艱難的要求,看看你該如何能用「做得到」的

態度來回應。讓你和你的同事有辦法把「可以的，沒問題——我們會處理！」這種回答變成常態，除此之外一概不接受。

2. 相信「我會想辦法」

　　這個想法和「做得到」的態度密不可分。再一次，它指的是某些總是願意負責與解決問題的人。就算你不確定某件事該怎麼做，最好的答案是「我會想辦法」，而不是「我不知道」。沒有人會把一個不但不知道還不想知道的人放在眼裡。這種回答對你的可信度或能力一點幫助都沒有。如果你不知道某件事，我不認為你該這樣告訴別人。這對情勢有什麼幫助嗎？你真的想到處吹噓你的無能，或以為這個市場或你的客戶會如此珍視你的誠實，而要你坦承他們浪費時間在你身上？你可以承認你對某件事不熟悉——只要你立刻追蹤後續，承諾你會弄清楚，或找到某個能搞清楚的人。對某件事兩手一攤，無所作為並不會讓事情往前走。告訴自己，也告訴其他人你願意做該做的事去把它弄清楚！「我不知道」的另一種選擇是，「這是個好問題，讓我去把它查清楚。」你仍然很誠實，但你是在找答案，而不是顯示你無能為力。

3. 著眼於機會

　　成功的人把所有情況，即便是問題和抱怨，都看成是機會。當其他人只看到困難，成功的人知道問題解決就等於新產品、服務、客戶，或許還有財務上的成功。記住：成功是戰勝難題。因此，若沒有某種困難存在，你就不可能成功。無論哪一種難題，只要你能好好應付它，你會得到報酬。而且，問題越大，機會也越大。當問題發生在整個市場和所有人身上，它變成一個等化器。唯一突出的是著眼於機會的人，他把這些問題當作開啟成功的序幕。這些人能利用當前的狀況，讓他們自己與眾不同，征服市場。無數的情況之下，多數人看到的只是障礙，沒有別的：好比衰退、失業、困境、衝突、客戶抱怨、公司倒閉。要是你能學到從這裡看到機會而不是問題，你會繼續往上爬向頂端。

4. 熱愛挑戰

　　儘管許多人厭惡挑戰——並且把它們當作更加事不關己的理由——非常成功的人會被挑戰引起興趣且興致勃勃。那

種被擊倒的想法，我相信，是人們從未採取足夠行動去創造足夠勝利的結果。成功會帶來更多成功，失敗則使你失敗的機會增加。挑戰是讓成功的人加強他們能力的體驗。要達到你的目標，你必須到達一個境界，讓所有的挑戰都是你的助力。人生是相當殘酷的，而人們長期以來已累積相當數量的失敗。許多人會到一種地步，在他們腦海裡把所有面對的新挑戰自動轉換成失敗。所幸，讓自己重新站起來有很多方法，你這輩子所經歷的困境，不再能剝奪你用勇氣和熱忱去迎接新挑戰的機會。

一旦你有能力展開更正面的想法，你會開始把挑戰看成一種刺激去投入，而不是逃避某事的藉口。你必須重新教育自己所謂「挑戰」這件事的含義，也要知道，每次挑戰就代表一個勝利的機會。而且別欺騙自己了——勝利的人生很重要。每天、每分鐘，你的心思自動全神貫注在你的勝利、失敗和限制——你在人生中贏得越大，你的潛力就會越高，你也會更加熱愛挑戰。

5. 找問題來解決

成功的人很愛去找出問題，因為他們知道，幾乎每個問

題在某方面都有共同點。某些產業甚至會製造問題，如此一來他們才能藉由賣產品給你，來「解決」問題。（想想這些年來你曾經因為「需要」而買過的東西。你真的需要嗎？或著你只是被說服相信這些東西會解決你可能有，但事實從未有過的問題？）流感疫苗是個很好的範例。許多人認為它們是必要的，但關於這件事有分歧的醫療意見存在。問題對成功的人而言，就像吃飯對飢餓的人是一樣的。丟一個問題給我，任何問題都好，等我把它解決，我就會有收穫，而且變成一個英雄。問題越大，當解決方案出現的時候就會有越多人因此受益，而你的成功就會更強大。藉著為你的公司、員工、客戶，甚至於政府解決問題，你能讓自己登上成功的名單，不管那是什麼樣的問題，或問題可能在哪裡。很不幸的，這個世界充滿著問題製造者。讓自己能夠與眾不同的最快速也最好的方法，就是把自己打造成改善問題的人，而不是讓問題更糟。

6. 堅持到成功為止

有能力在一條既定的道路上堅持下去，無論遇到挫折、意外事件、壞消息，或抗拒——總能持續堅定不移，或堅持某種

狀態、目的、行動方針——是那些成功人士的共同特性。我跟你保證，至少以我來說，我的堅持大於我的天分。這並不是一種人類與生俱來的特質，而是可以也必須開發的性格。孩子們似乎展現這種天生的特性，直到他們發現——經由社會化、教養，或兩者兼備——多數人們不是這樣表現。然而，這卻是讓所有美夢成真的必要特質。

無論你是業務、政府官員、雇主或雇員，你必須懂得如何在各種狀況下堅持到底。這個地球上彷彿有某種力量或自然勢力，猶如地心引力般，總是挑戰人們堅持到底的能力。它就像是這個宇宙只是想要找出你是用什麼原料做的而不斷與你抗爭。我知道，我做的所有努力都需要我用十倍勝行動堅持，直到阻力化為助力。我不會試圖消除抵抗；我只是持續前進，直到它有所改變，我的點子被執行而不是推翻。舉個例，我的臉書上有個不速之客，我一直想讓他支持我但不成功。與其把這個人踢掉，我詢問臉書的粉絲他們有什麼想法，讓他們的想法洗版並更支持我。如果某件事不站在我這邊，我就是堅持到底，讓所有殘存的阻力都不再存活。

任何人若可望加倍她或他的成功，堅持是一個很大的助益——因為其他多數人已經放棄了他們天生堅持的能力。一旦你

重新培養自己做必要的事,來確保你在最佳精神、情緒、財務狀態鍥而不捨地行動——你會發現自己被列在最成功人士的名單上。

7. 承擔風險

有一次我在拉斯維加斯時,坐在我旁邊的人說,「這些賭場總會賺錢,因為在這邊賭錢的人,從來不願承擔大到足夠讓莊家輸光的風險。」我不是要你出去試著讓一家賭場倒閉;不過,這位仁兄的觀察提醒了我,我們之中有多少人被教育要打安全牌,要保守行事,千萬別大手筆「豁出去」。人生和拉斯維加斯的差異並不大,你必須先投入籌碼下場去玩,才能有所回收。在某種程度上來說,你還是必須冒險,那些成功的人就願意每天承擔風險。在真正大的賭局,例如人生或事業,你是否真的願意承擔足夠的風險,去創造你想要和需要的成功?多數人從來不曾走得遠到夠被認可,得到關注,造成轟動;他們試著保護或保留一個名聲、職位,或一個已經達成的狀態。成功的人願意下賭注——全押,知道無論結果如何,他們可以再回去重新來過。他們接受自己被批評、檢閱、被世人看到——

而不成功的人則退縮並打安全牌。還記得那句老話,「不入虎穴,焉得虎子。」這時候,重要的是你得到家人和朋友的支持去承擔風險,而不再打安全牌。

8. 不合乎常理

不,我沒打錯字,我說的確實是不合常理。我的著作《有業績才有飯吃》(Sell to Survive)(譯者暫譯)中引進了一個觀念:成功的業務員若想成交,必須不合常理地對待他或她的客戶。這明顯地對我們多數人一向被教導的——也就是,要合理、合邏輯——打了一巴掌。要變得不合理,需要你的行為不經過理性思考,與實際上的慣例也不相符。沒錯,這就是我要你做的!普通人看到這個定義時會覺得困惑,以為我要他們變成神經病;但成功的人了解,沒有理由而行動有多重要。他們知道,他們負擔不起跟隨著被認可的現實去行動。要是他們跟隨現實,所謂的「不可能」就永遠不會變得可能。身為十倍勝的實踐者,需要不合理的思考和行動。否則,你最後就會跟所有的人一樣——只能撿那些成功的人吃肉剩下的肉湯喝來求生存。不合理並不表示精神上的不穩定——讓我們面對現實吧,

誰不是有一點點瘋癲呢？——拒絕去做那些永遠不會幫你得到想要的所謂的「理智」或合理之行動。世界上的多數人都是跟著某種愚蠢、無用、合理的規則在走，那只會確保你繼續步履蹣跚地像個奴隸般被奴役。想想看，要不是某人做了某件被其他人貼上「不合乎常理」的事情，我們哪裡會有汽車、飛機、太空旅行、電話和網路——還有其他無數我們早就習以為常的事情？要是人們沒有意願去「不合乎常理」，人類就不會做什麼非凡的事情。所以，做個不合常理的人，他們通常使我們的世界耳目一新。

9. 置身險境

自孩童時期開始，總有人試著讓你遠離危險。為了保護孩子，「小心」是父母經常對子女重複的口頭禪，他們從各個產業購買那些標榜「保證安全」的居家產品。可惜的是，許多人對於避免危險到了一種固執的地步，以致他們停止真正地過生活！要是你回首自己的人生，或許會看到你對自己做的也是這樣，甚至造成更大的傷害，一輩子因為「小心」而深受其害。

想想上一次你受傷的時候，你可能正想在某件事發生之前

保護某事。為了小心，你必須謹慎地採取行動，而謹慎小心無法做到十倍勝的行動等級。大量行動需要你把謹慎拋在腦後，就算這麼做會讓你通往危險之路。與力量強大的人共事本身就是危險的。你想從億萬富翁身上賺到投資收益嗎？一份百萬年薪的工作？讓你的公司上市？如果是，你必須願意身處危險之境，因為每一種情形都會有更多危險接踵而來。要成大事，你就必須擁抱危險。要確保危險不至於毀了你的方法，就是得到足夠的訓練。所以你能入虎穴而得虎子。

10. 創造財富

財務上成功和不成功的人，對財富的態度有重大差異。貧窮的人相信他們工作是為了賺錢，之後他們可能把錢拿去亂花在不重要的事情上，或像個守財奴一樣保護它。非常成功的人知道他們已經創造出金錢，他們想的是如何透過想法的交換、產品、服務，和解決方案去創造財富。非常成功的人不會因怕匱乏而受限，他們知道錢的供應源源不絕，且只會流向創造產品、服務和解決方案的人――而且財富不受限於一種貨幣供給。當你越接近大量金流，努力創造你的財富之機會就越大。

從創造金錢和財富的角度，而不是薪資或儲蓄的角度來思考。想想如何透過好的創意交換、優質服務，和有效的問題解決來創造財富。舉個例，看看那些強勢銀行的行為。他們透過某些方法，迫使其他人把錢交給他們或向他們借貸，以此來取得金錢。想想有錢人擁有房地產而其他人必須支付租金給他們。他們靠著擁有房地產而能製造金錢並創造財富。投資在自己公司的人，是為了增加他們的財富而不是收入。另一方面，不成功的人把錢花在那些有錢人用來創造財富的事物上。收入必須被課稅，財富則不用。記住：你不需要「製造出」金錢，它已經在那裡了。真正的金錢不虞匱乏，匱乏的是創造財富的人。將你的焦點從保留金錢轉移到創造財富，那麼你的思考就會像那些成功的人一樣。

11. 準備好採取行動

貫穿本書的就是這一點（希望到現在已經大致清楚了）。非常成功的人採取令人難以置信的大量行動。無論這個行動是什麼樣，這些人很少無所事事——就算他們在休假時也是一樣（只要問問他們的另一半或家人就知道！）。無論是藉著要別

人替他們做事,為他們的產品或想法爭取關注,或日以繼夜地重複同樣的事。在他們還默默無聞的時候,成功的人會一直持續不斷採取大量等級的行動。不成功的人會談論他們的行動計畫,但對他們宣稱打算做的事情——至少夠他們得到想要的目的——卻從來不付諸行動。成功的人假定他們未來的成就就靠著投資在行動上,或許一時無法回收,但長時間持續不斷堅持下去,遲早會收成豐厚的果實。

大量行動是一件我知道能依賴自己的事情,就算在艱難的時刻。你採取行動的能力是決定成功可能性的主要因素——而且應該是你花時間力行的紀律。它不是一種天賦或因為夠「幸運」而被給予或繼承的,它應該是一種被培養的習慣。懶惰和躊躇不前對我來說是道德問題。我不認為懶惰是對的或可以接受的。它不是一種因為某種疾病而衍生的「性格缺陷」,也不能說高度活躍的人就算是「幸運的」。沒有人一生下來就是為了衝刺或跑馬拉松,也沒人生來就比別人有更多行動力。為了創造成功,行動是必要的,也可以說是一項決定性的特質,讓你成為成功人士之一。無論你是誰,這輩子到現在為止做了什麼,你都可以培養這個習慣,去增強你的成功。

12. 永遠說「好」

　　要在生活和事業上努力，對任何事情都必須說「好」。這是你會從成功的人身上看到他們不斷在做的——並不是因為他們有能力說好，而是他們選擇這麼說。他們急切投入生活，明白「好」這個字有更多的生命和可能性在其中——況且它明顯地比「不」要更加正面。當一位客戶要求我做某件事，我說「好的，我很高興／很樂意／很希望為你辦好這件事。」我有個說法：「我從不說不，除非我沒其他選擇。」這是一種對別人說不的好方法（也就是說，如遇到非說不可的時候）。當你可以選擇去做或不做某件事，永遠選擇去做！生命是被活出來的——要是你一直說不，就不可能去活出生命。雖然很多人說，知道什麼時候說「不」很重要；事實是，多數人在人生中不願去冒險，經歷的也不夠，他們應該經常接受或體驗新事物卻不願意。你知道你有個會自動跑出來的「不」在心裡隨時準備跳出來——有一百個理由在背後支持你不能做、不該做，或沒時間做某件事。試試這麼做：從現在起說「好」，直到你成功到被迫把「不」變成你的武器之一。在那之前，把說「好」變成讓你成功習慣的一部分。對你的孩子、另一半、客戶、上

司，最重要的，對你自己說「好」。它會把你推向新的探險，新的解決方案，新階段的成功。

13. 習慣承諾

　　成功者全力且不斷投入行動――有些行動需要他們一路上全力投入。這就回到我前面提過的「全押」觀念，它也牽涉到以某種危險等級去運作，拒打安全牌。不成功的人很少全然投入到任何事，他們談論的永遠是「試著去做」。而當他們真的承諾時，通常會是具備破壞性的行動和習慣。事實上，承諾通常是會有匱乏問題的事物之一。有太多的個人和公司無法完全投入到他們的活動、職責、義務和責任，所以他們沒辦法貫徹到底。要得到成功，你必須停止測試水溫，直接跳下去才重要！全心奉獻自己去做某件事，表示你沒有退路。這就好像當你跳進一大片水域裡，一旦你決定跳下去，就不可能把自己停格在半空中一樣。

　　無論什麼時候，我寧可要一個能夠全力承諾的人，而不是接受過完整教育的人。承諾是一種徵兆，表示他或她對一個位置、狀況，或行動全力以赴。成功者超越問題本身，能夠把焦

點放在他們對自己或他人的承諾上。他們從頭到尾就把眼光專注在結果或行動上。當我承諾為自己、家人、一個計畫，或我的公司確保成功，這表示我會盡我所能讓誓言成真，並實現我的承諾。承諾不是某種能讓你找藉口，或那種你能讓步或可以「放棄」的東西。全面承諾就好像你已經成功了似的，並對那些與你一起努力，或你為了他們而努力的人展現你的承諾。

14. 有始有終

　　就像在戒酒者匿名會（AA）裡說的，「半途而廢等於沒做。」對與會者來說，這表示如果你還在喝酒，就算只喝一點點，你就不是清醒的。在成功與成就的世界裡，就結果來看，半途而廢除了讓那個做一半的人疲累不堪之外，成就不了任何事。這就是為什麼多數人把工作看成一種疾病似的。只有那些有始有終，從頭做到尾的人能夠體驗到工作給予的報酬。要一直做到行動帶來成功為止，才算完結。一直到你把一個潛在客戶變成客戶，一個潛在投資者變成投資者，你還不算有頭有尾。這聽起來很嚴厲，但要是你打了五十通電話給某個客戶但沒能成交，那麼你就像是完全沒打任何電話給她一樣。這就是

通常人們會變得理智而無法做到的時點。承諾讓自己完全不合常理，有始有終。不接受任何藉口！不能接受妥協！

15. 專注於「現在」

對成功的人來說，只有兩種時間：現在和未來。不成功的人把他們大部分的時間放在過去，將未來視為一種可以讓他們拖延的機會。「現在」是成功的人利用最多的時間，好創造他們想要的未來，才能主導他們的環境。你不能效法那些不成功的人，也就是那些利用能想到的任何藉口，來拖延他們應該要即刻完成的工作之人。相反地，在其他人還在思考、計劃和拖延時，你必須秉持紀律、習慣，採取大量行動以換來成就。立刻採取行動使那些最成功的人得以勾勒出他們想要的未來。成功者了解他們必須現在就起而行。他們再清楚不過，拖延是最糟糕的弱點。

十倍勝法則需要你立刻且大量行動起來。任何延遲他或她現在該做的事的人，將永遠無法獲得由立即大量行動所產生的動力和信心。舉個例，我有一次要求員工，要他們每個人打五十通電話出去，包括負責行政職務的也一樣。我立刻從每個人

的臉上看到恐慌的表情。他們每個人目前手上都還有其他該做的事,所以這就好像是不可能的任務。於是我告訴他們,「你們每個人都只有三十分鐘打這些電話,快去!」然後我回到自己的辦公室,並且在二十二分鐘之內打了二十八通電話。

在這種情況下,你不可能容忍就算是一秒鐘的擔憂或分析來延遲你的行動——因為你花在思考的每一秒鐘,就等於又浪費掉一秒鐘可以行動的時間!一旦你停止思考、計算,和拖延而開始行動,並且把起而行當作一種習慣,你會很驚訝於自己能做成多少事情。雖然這麼做可能會讓你感覺像未經思考而行動,覺得自己變得太過衝動——它也能讓行動變成一種習慣。行動是必要的——沒有任何時間比現在更寶貴。當其他人還在試著找出他們該如何把某事完成,同一時間你必須已經完成它了。那些持續不斷在做的人,將藉由完全生存和修正磨練他或她的技巧。規範你自己,現在就起而行——而不是等一下,我跟你保證,你努力的程度將很快提升你的工作品質,並迫使你確定與堅持地行動。

16. 展現勇氣

勇敢是一種心靈或精神上的特質，迫使人們即便害怕仍可面對危險狀況。人們很少會在需要他們展現勇氣的事情發生之前覺得勇敢，或被形容成勇敢。反之，無論他們害怕與否，採取行動的後果都會讓別人說他們勇敢。軍人和英雄在他們忍受逆境之前，從來不會說自己勇敢。站在他們的立場，他們只是做當時他們該做的事。

你會經常看到，成功的人身上有一種自信和堅定的氣質，一種自在的神態，甚至有些傲氣。在你開始猜測他們大概生來就和別人「不一樣」之前，要知道，這些特質是採取行動之後的結果。你越經常做那些讓你感到懼怕的事，其他人就越會把你貼上勇敢的標籤，然後他們就會被你吸引。勇氣發生在那些起而行的人，而不是在光想、等待、和懷疑的人身上。唯有採取行動，才能鍛鍊出這項特質。雖然你能訓練自己提升技巧和信心，但勇氣只能在做中求——特別是做那些令你害怕的事。誰想跟一個隨時臣服於恐懼的人做生意，或給他支持？誰會投資一個幕後的主持人缺乏信心和勇氣的計畫？

最近接受的一場訪談中，有人問我「難道沒有什麼事會嚇到你嗎？」這個問題讓我感到驚訝，因為我知道自己曾經害怕過。我猜想是因為我總是運用第四等級行動，所以我看起來似

乎不害怕，你當然也可以這麼做。出擊、征服、著眼於未來，持續不斷重複你的行動，你的勇氣就會增長。更常去做你害怕的事，它們將漸漸地顯得不再那麼可怕，直到有一天做它們變成一種習慣，你會開始懷疑當初為什麼要怕它們！

17. 擁抱改變

成功者熱愛改變，而不成功者則想盡辦法避免改變。倘若你試圖讓事情處在原地不動，如何能創造成功？那是不可能的。雖然你從來不想去修正可以運作自如的事情，你還是應該不斷尋找改善它的方法。成功者眼觀四面，注意即將發生的事。他們尋找潛在、即將來臨的市場轉變，並擁抱它們，而不是將它們拒於門外。成功者關注世界如何變化，把它運用在可能的營運改善並提升他們的優勢。他們從不會死守著往日的成功。他們知道必須持續適應變化，否則就無法維持勝利。改變不是一種你該拒絕的東西，它能讓你維持動力。蘋果電腦的賈伯斯（Steve Jobs）就是個最好的例子，他會在競爭者迎頭趕上，或消費者感覺膩了之前就改變他們的產品。願意接受改變是成功的一項偉大特質。

18. 下定決心，採取正確的方法

　　成功者知道他們可以把可行和不可行的事情量化，而不成功者把焦點放在「吃力工作」上。正確的做法比方是制定一個公關計畫去切入市場，提供消費者正確的工具，或促使管理階層建立最有力的人脈，找到最好的原始投資人，僱用最優秀的員工。不論採取什麼樣的方法，成功者想的不是工作有多吃力（儘管他們真的願意賣力工作）；相反地，他們會去找出如何「聰明」地工作，並找出正確的做法來處理狀況，直到成功為止。不成功者總會覺得工作很困難，因為他們從來不曾花足夠的時間去改良他們的方法，讓自己工作起來輕鬆自如。我人生中從事業務員的頭三年工作相當賣力，但成果充其量卻僅有一搭沒一搭的。後來我投入兩年時間和上千美元去改善我的做法──銷售對我來說不再是份「工作」！

　　成功者投資時間、能量、金錢去自我改善。結果是，他們注重的不是工作有多辛苦，而是成果將會多甜美！一旦你把方法修正到完美而得到勝利，它就不再像是工作，它已變成成功。成功的滋味勝過一切。

19. 突破傳統藩籬

　　成功者中最頂尖的那些人，他們超越純粹的改變，勇敢挑戰傳統思維。看看像谷歌、蘋果，和臉書這類企業，你會發現這些公司挑戰傳統，創造做事情的新方法。他們打破既有的運作方式，來讓自己的地位提升。最成功的人希望能創造傳統——而不是跟隨既有的傳統。千萬別桎梏於其他人認可的思考。找出方法，利用讓別人停滯不前的傳統思維。

　　成功者被稱為「思想的領導者」，他們用領先他人的思考勾勒未來。我設立第一家公司時，就打破了一個產業行之有年的傳統想法，以更好的方式去照顧客戶。非常成功的人不會去管事情「一向以來都是這麼做的」，他們的興趣在於找到更新且更好的方法。他們找出汽車、飛機、報紙、和家用產業在過去五十年間變化極少的原因，試著制定創造新市場的方法。要提醒你的是，這些人在質疑傳統觀念與把新產品帶到市場的同時，仍然能夠維持他們公司的既有結構。他們不會為了改變而建議改變；他們改變是為了設計出更優良的產品、人脈，或環境。成功者願意挑戰傳統，才能發掘更新、更好的方法幫助他們完成目標，達到夢想。

20. 目標導向

　　目標是某個你渴望的事物——通常是你尚未成就的某件事——一個人或一家公司需要它來往前邁進。成功者相當以目標為導向，總把他們的注意力放在目標而不是問題上。因為他們的承諾和對目標的專注，似乎總有辦法扭轉乾坤。太多人把時間花在計劃他們要從雜貨店買什麼東西，而不是為他們的人生設立最重要的目標。要是你無法專注在你的目標，就會窮極一生替別人達成目標——特別是那些目標導向的人。

　　目標對我來說極其重要。我每天的一開始和結束之際，會把目標寫下來並檢視它們。任何時候只要遭遇失敗或挑戰，我就會拿出筆記本，再書寫一次我的目標。這麼做能幫助我把注意力放在我想達到的目標和想去的位置——而不是陷入當下面臨的困境。保持注意力在目標上，並持續往目標的方向邁進，對成功來說事關重大。雖然我試著把眼光放在當下，我還是想把大部分的焦點放在往我目標的大方向，而不是我當時正在進行的工作上。

21. 專心致志

不成功的人把一輩子的時間花在思考工作,成功者把行動視為他們正在進行的一個神聖任務,而不僅是「一件事或一份工作」。成功的員工、雇主、企業家,和改變遊戲規則的人,認為他們每天的行動能構成某個更重要的,能翻天覆地改變的任務。他們總是從大處思考,集中注意力在某些待達成的大目標上。在你開始把處理工作當成正在進行某個任務之前,它一直會被降級成「不過是一份工作」。你必須用熱忱去承擔每個行動,想著你的努力可能會永遠改變這個世界。對待每一通電話、電子郵件、登門銷售、會議、簡報,和你待在辦公室的一天,讓它們不只是一份工作,而是一份使命,讓你的名聲永世留芳。如果不採取這種態度,你將永遠困在一份工作中,或許還是一份不怎麼有成就感的工作。

22. 維持高度動力

動力指的是一種受啟發而行動的行為或狀態。要成功,你被啟發、挑起、和驅使做某件或某些事很重要。「動力」

這個詞的定義暗示了行動背後有某種原因，針對成功者的研究很清楚地顯示，他們的大量行動是因為受目標導向和任務驅使所激勵。不成功的人展現低程度的動力，閒晃、漫無目的或缺乏目標。高度動力很明顯地對十倍勝的行動與堅持不懈相當重要。這不是那種維持數小時、一天，或一週的熱忱；它是根據你每一天所做的，激勵你自身的行動，自我啟發繼續前進。高度成功者不間斷地尋找與發現理由，激發他們往新等級的成功邁進。這可能是成功者永遠不滿足的原因，因為他們一直被新的理由推動向前，他們持續被激勵往更高等級的行動和成就走去。

我在研討會中最常被問到的一個問題是：「你如何能一直維持動力？」答案是：我只是不停的創造可以讓我出現的裡由。不成功者不斷說道，「如果我有（那個人）有的，我就能退休了。」不過我一點也不相信這個說法。首先，他們並不知道是否真的會如此，因為他們無從得知自己對成功的反應會是什麼。有可能──而且非常可能──他們創造的成功連帶包括某些責任和義務，必須去繼續生產才能讓成功持續不斷。動力必須發自內心，我不能給你動力，你也無法給任何人動力。但你可以鼓勵，可以挑戰，可以啟發別人；而真正的動力──做

某件事情背後的原因——必須發自你的內心。我藉著每天設定目標來讓自己維持熱情。我找出那些看起來似乎做不到的事情——不光是實質的事物，還有其他人的成就和實現——來讓自己的注意力放在各種可能性上面。任何能協助你維持高度動力的，對你的十倍勝承諾都相當重要。

23. 對結果感興趣

　　成功的人不偏重在某個事項上所花費的心力及時間的價值，他們看重的是結果；不成功的人把它們花在工作上的時間和嘗試所得到的結果這部分看得很重要，就算後來什麼結果也沒有。這兩者的差異連接到敢於打破常規的觀念：無論你喜歡與否，結果才是重要的。要是你「打算」把垃圾拿出去，但你只把它拿到前廳，垃圾依然繼續堆在你家裡。除非你變得全然地、超乎情理的全心全意只想得到結果，你將不會達到你渴望的目標。別再因為你嘗試過了便自我安慰，把回報和口碑留到真正的成就後再說。自我鞭策，而不要讓別人鞭策你。對自己嚴厲，永不放鬆，直到看到結果為止。無論遭遇什麼挑戰、抗拒與問題，結果（不是努力過程）——才是成功者著眼的焦

點。

24. 擁有遠大的目標和夢想

成功者懷抱大夢想與無限的目標,他們不切實際,他們把實際這件事留給那些爭食殘羹剩飯的大眾。十倍勝的第二個問題是:你的夢想和目標有多大?中產階級被教導要認清現實,而成功者想的是他們能把自己伸展到什麼限度。我人生中最大的遺憾,就是我一開始設定目標和目的時考量到實際面,而不是遠大、極端的思考。「雄心勃勃」改變了這個世界,它造就了臉書、推特、谷歌,或下一個即將來臨的變革。實際的思考、微小的目標,和瑣碎的夢想不會讓你有任何動力,只會讓你不偏不倚地落在中間位置。懷抱遠大夢想,做大事,再想辦法讓它超越期望。盡可能閱讀偉人和偉大公司的成就。把自己放在啟發你志向,行動遠大的氛圍中,並發揮你全部的潛能。

25. 創造你自己的現實

成功者與魔術師非常類似,他們不去理會別人的現實;

相反地,他們執迷在自己創造出來的,不同於他人能接受的現實。他們沒興趣知道其他人認為可能或不可能的事;他們只在乎製造他們夢想中可能的事物。他們從來不熱中於應付其他人的信念或準則的想法,他們也不會順從於普通人認定的「現實」。他們渴望於創造自己想要的,他們對大眾的認同嗤之以鼻,甚至憎惡。稍微研究一下,你就會發現那些真正做大事的人,創造了一種前無古人的現實。無論是業務人員、運動員、藝術家、政治家,或發明家,偉大都是由那些一心只想著不切實際,並執迷於創造他們想要的現實之人所達成的。下一個現實中事情將怎麼變化,或能怎麼變化,就看下一個創造它的人了。

26. 先承諾再說

乍看之下,這句話很不討人喜歡,甚至是那些非常成功的人具備的危險特質。然而,這遠不如那些不成功者東施效顰來得危險。多數人以為他們必須先把事情搞清楚之後,再下承諾;不知怎麼的,他們似乎從來沒有著手做過。就算等到他們了解清楚了,準備好承諾後,通常會發現時機已經不存在,或

早已經被其他人占盡先機。

先承諾，表示你在徹底了解每一個細節之前百分之百投入你承諾的事。這就是那些小公司和瘋狂的創業家之所以能勝過比他們更大型、資本更雄厚的競爭對手的原因。過往的那些大公司很強勢，習慣於一層又一層的管理，他們的員工耗費許多時間開會——使得他們變得小心翼翼，且無法像他們過去冒險和成長時一樣當機立斷。雖然不管三七二十一先承諾再說可能有風險，我相信創意和問題解決通常會在一個人完全承諾之後才會被激發。雖然準備和訓練很重要，市場帶來的挑戰需要你在決定如何把事情做好之前就先行動起來。最機靈和聰明的人不見得能成為人生勝利組，贏家常常是那些能夠對他們的目標最熱心投入的人。

27. 高道德標準

很多人搞不清楚這一點——特別是當他們看到那些應該成功的人卻入獄服刑的時候。但在我看來，這跟你達到什麼樣的成功並無關聯，一旦被送進監牢就立刻被取消資格了。一個罪犯，就算一直逍遙法外，他或她仍然是個罪犯，因此他們不

會得到真正的成功。我知道有些人從來不說謊，一分錢也不會偷，但我不認為他們道德高尚——因為他們也懶得實現自己的承諾，去為他們的家人和朋友提供安全感，或成為行為典範。要是你沒有天天去上班，盡全力取得成功，那麼你就等於從你的家人、未來，和你工作的公司偷竊。口頭也好，暗示也好，你已經與你的另一半、家人、同事、上司，和客戶簽了合約。你創造的成功越大，你越能好好地實踐這些合約。對我來說，道德高尚不只是遵循一般社會大眾認可的規範；我認為，要被稱為高道德，人們必須去做他們承諾過他人的事，而且要做到達成希望的結果為止。投入精力但沒有結果不算有道德，因為這就等於你對自己撒謊，無法實現你的義務和承諾。你去嘗試、希望、祈禱、盼望、渴求，並不會讓你達成目標。我的想法是，有道德的人會達成他們追求的目標，為自己、家人和他們的公司創造更大的成功。無論遭遇任何困難，都能在各種風暴中成功存活下來。

我曾有過一段讓自己相當自豪的經歷，就是在嚴峻的經濟環境中，必須跟其他人競爭，生活艱困的情況下，我仍然能夠擴張公司並維持家計，度過兩年的時間。無法提供長期成功，代表你把生命中的每個人，包括你自己，暴露在風險之中。

我指的不是經手現金出納那種道德,而是更大範圍的觀念,包括盡你所能與發揮潛力,實現已說出或沒說出口的承諾。接受成為一個父親、丈夫、創業家,或公司老闆,或不管什麼樣的角色,伴隨而來的承諾與約定。我認為不盡全力發揮自己與生俱來的天賦、才能,和頭腦是不道德的。什麼是道德的,只有你自己能決定。不過,我覺得任何你認為自己能做到的,和你所成就的結果之間的差異就是個道德議題。我們之中最成功的人,就是被道德義務和動力所驅策,去做某些相當於他們潛力的大事。

28. 關心群體

「近朱者赤,近墨者黑」要是你周圍的人都生病,表現很差,掙扎求生,那麼你遲早也會像其他人一樣深陷泥沼。舉個例,養老金把市政府和州政府壓得喘不過氣,因為有少數人只管他們自己的死活,而不顧他們這麼做對整個群體的影響。這種「以我為尊」,不管別人死活的心態,終究會使得倚賴養老金為生的這些個人難以喘息。這種追逐私利的做法,到頭來將使得群體幾乎不可能存活,危及曾經許下的承諾。

多數成功者都知道,大眾的健康和福祉應該對每一個個體都極其重要。你只能跟那些與你相關或來往的人一樣成功。無論你在什麼樣的職位,無論你是領導者也好,或只是群體之一,你的成功會受限於你周圍的人之能力。這麼說並不表示成功的人不在乎自己,只不過他們很清楚,自己必須花精神表達對同事夥伴的關心,因為他們知道,如果其他人做得不好,就算有再多錢也會被其他人拖累。事實上追逐私利就某種程度來說,就是關心其他人身上發生的事。你希望團隊裡每個人都能勝利、變好,因為它有可能讓你在做的事更加完善。為了這個原因,你要盡力去把團隊的其他人帶往更高的層次。

29. 致力於終身學習

據稱最成功的執行長們每年平均讀超過60本書,參加6場以上的研討會;而一般的美國勞工平均一年讀不到1本書,收入不到執行長的1/319。雖然媒體經常在討論貧富之間的差異,他們大多忽略了富人們投入在閱讀、學習、自我成長的時間和精力。成功者花時間參加研討會議、論壇與閱讀。任何一本書、電臺節目、下載、線上研討會或演講,都讓我受益,就算是很

差勁的那些也一樣。

我知道那些最成功的人，閱讀任何到他們手邊的文字。他們讀一本價值30美元的書，就好像它具有讓他們賺100萬的潛力似的。他們把任何自我訓練和教育的機會，看成是自己最踏實且肯定的投資。反過來說，不成功的人擔心買書或參加研討會要花錢，從來不曾想過它們帶來的好處。所以加入成功者的行列，他們知道自己的收入、財富、健康，和未來端賴自己持續尋求新知，與勇不停止學習的能力。

30. 別太安逸

那些成功的人，在不同的情況下願意讓自己的處境不那麼自在舒服，而不成功者作任何決定時都想尋求舒服安逸。我人生中做過最重要的事，不是那些我應付得輕鬆自如的；事實上，那些事當中有許多讓我相當不自在。無論是遷移到另一個城市，電訪一位陌生客戶，和陌生人見面，做一份沒做過的簡報，或在新領域探險，多數事件對我來說，在習慣它之前都相當令人不舒服。對你而言，每天的例行公事，和習慣感到心滿意足很令人動心，但這些事大部分可能對你的任務沒什麼助

益。當一切都很熟悉時你會感覺很好；但成功者卻願意把自己放在嶄新且不熟悉的環境當中。這並不表示他們是為了改變而改變；而是他們知道過得太舒服、太輕鬆愉快、太熟悉，會讓一個人變得軟弱，喪失他或她的創意與展露頭角的渴望。因此，願意承受不舒服，並且去做人們覺得不舒服的事，這肯定是你邁向成功之路的徵兆。

31. 在人際關係當中向上看齊

如果我有決定權，在人際關係當中「向上看齊」會是學生每年的基礎課程。訓練課程中應包括鼓勵人們去接受他們覺得做起來不太自在事情。成功者會一直提及，身邊的人比他們自己更聰明、更機靈、更有創意。你不太可能聽到他們之中有人會說，「我會有今天的成就，是因為我周圍都是跟我差不多的人。」但普通般人通常把他或她的時間都用在心智相當的人，或那些不如他們的人。

在你的人際關係中，一定有人的人脈更廣、教育程度更高或更成功。把「向他們看齊」當成一種習慣，這些人應該比那些和你相當的人有更多可分享。他們願意接受改變，挑戰傳

統，成長，和做其他人無法了解的事情。向上看齊，不是向旁邊，更不是像低處看齊！你必須本著幫助自己朝向道德上的承諾——為自己、家人，和你的事業創造成功來作決定。你把自己放在什麼樣的人周遭，將與你是否能達成目標有相當大的關係。你不想往旁邊平行移動，你想要往上爬，就得跟那些思想高遠的人，懷抱大夢想的人，和比較大咖的人產生連結。黑帶不會去跟白帶的人學習新技巧，而白帶層級的人無法把黑帶者帶往紅帶的階段。跟著普通球員學習，你不可能成為一個零差點球員（Scratch Golfer）。你必須跟比你更優秀的人交流，這是唯一一個讓你變得更好的方法。

32. 遵守紀律

記住：我們在這裡談的不是金錢上的成功，而是在生命中的所有面向都要成功——為了做到這點，對紀律這件事不能有任何妥協的空間。紀律是一個井然有序的、規定好的行為，能幫你達成想要的——也是對十倍勝實行者的要求。很不幸地，多數人的紀律看起來比較偏向於壞習慣，而不是讓人比較不自在的，應該一再重複的十倍勝行動。

無論它讓你多不自在，紀律是用來完成某項行動，直到它成為你的日常運行程序為止。為了取得和保持成功，你必須決定哪一種習慣具備建設性——並讓你和你的團隊一次又一次重複做那些事。

如果你發現自己沒有前面提及的那些成功者之特質和習慣——或覺得自己有大部分特質，或多數時候具有那些特質但偶爾鬆懈一點——別擔心。我認為多數讀這本書的人，不會隨時隨地持續不斷地展現這些特質。學著去留意清單裡有什麼，把它放在手邊，許下一個新的承諾，讓這些技巧成為你的一部分，而不僅僅是某些你會去「做」的事。雖然我並未隨時都採行這些成功者清單，但我會努力確保把自己的多數時間花在那些成功者會做的事情上面。

清單上沒有一件事情是凡人做不到的，每一項都是可行的。不要只把其中一、兩項拿來運用。開始用它們來思考與行動，它們就會變成你的一部分。全都用上。

練習

不翻閱前面的章節,找出五種成功者和他們的夥伴之特質?
_____
_____
_____

你最擅長的事是什麼?
_____
_____
_____

你該加強什麼部分?
_____
_____
_____

第二十三章

開始實踐十倍勝法則

所以,你該如何著手?你可能面臨什麼樣的挑戰?你該如何將十倍勝當成一種真正堅持的紀律?你真正應該做的就是看看那些成功者做些什麼事,來決定你該做什麼。什麼時候開始?你要記住:對成功的人來說只有兩種時間。你應該對當下給予某種關注,但把大多數的注意力放在你渴望創造的未來。你不可能從昨天開始,但如果等到明天才行動,你不會成功,因為你已經違反了成功者一個重要原則:現在就行動,唯有現在足夠的行動才能創造未來。一旦成功者鬆懈下來,就等於把時間加進他們的方程式。到那個時候,與其創造更大的成功,他們或許會更在乎保護他們既有的。而本書探討的不是守成,或當你成功後該如何守成!

我在五十二歲那年寫了這本書,目前為我自己創造了足夠的成功,有餘力再要更多。我真心相信自己還沒有完全實現我的才幹與能力。我不想只是為了競賽或金錢而要更多,最主要

是因為，我真心相信全力以赴是我的道德義務。無論如何，無論是誰驅策你這麼做，現在就起而行，停止對自己過於寬容。

撰寫本書時，我自己在私人和職業兩方面的生活正經歷擴張階段，包括對家庭和事業上的渴望。我公司裡所有的員工甚至客戶都會告訴你，一旦我決定做什麼事，我總是立刻去做，抱持超乎常理的信念，採取必要手段來達成目標。我不是個很好的組織者、規劃者，或經理人。我知道不花時間、開會、過度分析就採取行動是優點，也是缺點。認識我的人或許也會告訴你，一旦我開始一項計畫，無論是寫一本新書、創造一個研討會課程、開發一項新產品、開始一種新運動、改善我的婚姻關係，或花時間陪女兒，我總是全力以赴。全押，百分之百承諾，就好像運送肉品貨車上的一隻餓狗似的。我算相當了解自己，一旦我決定投入某件事，我會完全像失心瘋似地採取行動，直到得到想要的結果為止。我不會為自己找藉口，也不讓其他人這麼做。

現在就是現在，不是現在之後的一分鐘。從首要之務開始，先列下你的目標清單，再寫下使你往那個方向前進的行動清單。接著，別想太多，開始採取這些行動。在你開始時要記住一些事：

1. 寫下目標時不要有所保留。
2. 這個時候先不要因為思考細節該如何完成，而迷失方向。
3. 問問自己，「我今天可以做什麼，好讓我更貼近目標一些？」
4. 採取任何你想到的行動，無論它們是什麼，或你對它們的感覺是什麼。
5. 每天再回去檢視這份清單。

當你開始往十倍勝的路上走，你可能會覺得有些不知所措，甚至可能注意到自己想說服自己不要開始。別因為這種念頭而停止。你知道拖延是不可行的。想像自己正在一輛深陷泥沼的汽車裡，你需要足夠的牽引力量幫助你移動一吋，如此你才能脫離它。你有可能把自己搞得髒兮兮的，但這肯定勝過困在泥裡。

如同我先前說的，要小心那些因為愛你且在乎你而提供所謂「忠告」的親朋好友。他們之中很多人會暗示，他們不希望你太過「不切實際」而導致失望。普通人，即便是你愛的人，他們的詞彙和心態，總是一成不變：小心點、安全為上、不要

不切實際、成功不代表一切、知足常樂、生命是要活出來的、錢不能帶給你快樂、不要這麼貪心、放輕鬆、你沒有經驗、你太年輕了、你年紀太大，以此類推。當你聽到普通的人這麼說和這麼想，感謝他們的忠告。接著提醒他們，你需要他們的支持讓你去追求，讓他們知道你寧可投入自己的夢想和目標後而失望，也不希望從來不曾投入而失望。

　　我要給你一個現成的真實範例，它發生在我寫本書的時候。在以下情節中，你會看到我在邁向自己設定的目標時，是如何運用許多成功者持有的習慣和技巧，甚至超越我原先預想的。在我撰寫上一本書《想要成交，拿出你的口袋名單》之前不久，我發現，雖然我已經養成習慣在人生中採取大量行動，卻沒有真的以十倍勝法則去思考。所以我決定在寫這本書時測試我的十倍勝法則。當我把目標調整為十倍勝思考，我發現自己的目標之一是，把我的名字跟銷售訓練劃上等號。我希望變成那個當人們一想到銷售訓練、銷售激勵術、策略，任何與銷售有關的訓練時率先想到的人。這就是我寫上一本書《想要成交，拿出你的口袋名單》時腦海中關於主導的觀念。我有一個新的、巨大的目標在心裡，但不知道該如何完成它。不過我知道，要是我停下來試圖去思考「如何」完成它，那我永遠也不

會開始。我或許早已經決定它是個不可能的任務。

當我確立了正確的目標大小，並避免讓自己用技術層面和太多細節來嚇退自己時，我讓目標來決定哪些是與我的目標規模最相符的行動。看起來要是目標夠大，它會自動將我帶往正確的行動。我運用的一個小技巧是，自問一些有用的問題，好比「談到銷售這個主題時，我該怎麼做才能讓人們想到我的名字？」我立刻著手寫下答案和想法：(a)讓六十億人口知道我是誰。(b)做一個電視節目。(c)上廣播節目。(d)所有書店和圖書館都要有我的書。(e)上所有的談話節目和新聞節目。(f)讓《想要成交，拿出你的口袋名單》名列《紐時》暢銷書排行榜。(g)運用社群媒體的力量，主動讓世界上的人們熟悉我的名字。再說一次，此時此刻我還不知道該怎麼做，也不想在這麼早期的階段把它搞清楚。我知道我會因為這些「該怎麼辦」或「做不到」而灰心喪志，但我只是想把焦點放在達成我的目標。

當我考慮把目標放在讓自己變成銷售的同義詞時，我知道所設定的目標夠遠大到讓我保持興趣。對那些有意義的問題，我受到啟發去做所有符合我們發展的答案。我和我的公司採取的每一個步驟，都著眼在讓聲名遠播。關於電視、網路，我們什麼都不懂，也沒有人脈。我出版了兩本自己寫的書，但我根

本不知道該怎麼出版，更別說如何在書店販賣。當時，我從沒上過任何電視／新聞節目或媒體訪問。我假設像臉書和推特這種網站，是給那些沒事幹的人在玩的。而在我列下的所有目標之中，我確信做個電視節目會一鳴驚人。我知道自己採取的行動之間或多或少互相關聯，而且將會很重要。

我立刻跑去告訴內人，我打算做個電視節目來告訴世人，我有辦法在任何經濟情況之下，到任何地方的任一家公司銷售任何一種商品，並且增加公司的銷售額。我知道，這麼做能確保我的名字在全世界做銷售的公司行號中不再沒沒無聞。她毫不考慮地回答我，「這會是個棒透了的電視節目！你會很讚！我們來做吧！我能幫什麼忙？」不問任何問題，全然的支持。

我非常興奮，而且我儘量不跟那些可能勸退我的人分享我的新點子。我明白，這是一個巨大又讓人興奮的挑戰，足以用盡我所有的資源。我也很清楚這一切不可能一夕之間發生。

我的第一步是通知我的團隊，並強調所有幫助我們邁向目標方向的計畫都必須完成。我講得很清楚，我不想聽到「我做不到、我們辦不到、這太難了、這不可能。」我們開始採取十倍勝行動，打電話給所有認識的人，看看誰能幫我們和媒體、電視、出版業的某個人連上線。這是多少有些痛苦的一步。

那些在圖書和電視產業的人看過太多失敗的例子，所以他們總是用悲觀的眼神看著這類計畫。他們不止一次毫不遲疑地告訴我，像這樣的事情需要花多久時間，叫我別抱太高的期望。我被許多這些深植多數人腦海中的思考給打擊到，也就是那種使得他們什麼也成就不了的普通思維。我不斷收到像「每三百個提案的節目，才有一個雀屏中選」這類說法，或「電視網沒預算」、「人們對銷售節目沒什麼興趣」、「一年有七十五萬本以上的書問世」、「在你是個無名小卒的時候，想要做節目相當困難。」諸如此類。

多數人在這個時候可能會考慮放棄，但我沒有放棄，你也不能。要知道，所有想要「突破」的人都會遇到相同的狀況。我必須不斷忽略那些負面意見，並且重新瞄準我的目標。我會再度檢視我該做什麼好去完成目標，並且起而行，不管我是否感到害怕或不自在。記住：成功的人擁抱恐懼和不自在！

我不確定是不是因為我們正在做的事，或因為我們持續把焦點放在想要的事情上，但我認為應該兩者都有。我僱用了我第一家公關公司，雖然它讓人非常失望，我並沒有放棄，因為我知道它很重要。當第二家還是沒做好，我又找了另一家。我們同時進行很多計畫，每一個都需要時間、能量、金錢與創

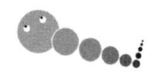

意；而且這一切對我們來說都是新的，無從得知這麼做是否可行。再者，我在經濟環境很糟糕的情勢下做這些事，每個人都在緊縮，我的公司和經濟環境正經歷我有生以來最嚴重的經濟衰退。我的客戶裁減人力最多達百分之四十。我最大的競爭對手砍掉一半員工，還有很多其他對手根本就倒閉。整個產業都在崩潰，所有產業都曝露在風險之中。每個人都很害怕，但我一直抱持著一個重要的心態：最成功的人會在其他人退縮時趁機擴張；當其他人保守時他們冒險。所以，與其裁減員工或停止擴張，我開始不支薪，把我通常領到的錢拿來支援十倍勝行動。

儘管我在任何你想像得到的方面都遭受空前的難題，我盡可能維持目標不動。這並不容易，而且也不保證有結果。我做了一切能做的事來提醒自己：我們做得到。我越投入，面臨的挑戰越多。我感覺好像整個宇宙都想看看我有多堅強，是否能堅持到底。我的公關公司花了三個月，幫我安排一個糟糕的訪問；銀行不斷要我投入更多資金；我的收入沒了（雖然是我自己的決定，但還是很傷！）。唯一站在我這邊的是我的婚姻，一個新生兒誕生到這個世界上，我能力範圍內堅強的信念堅持不懈而且可行。我愛上了我的十倍勝目標。我知道它不僅對我

有用,整個世界都應該知道這種做事的新方法。對我來說,它不僅是個人成功的問題,甚至變成一種助人的使命。整個世界都因為經濟情況而受苦。我感覺到,我的目標大到能夠在很大方面起作用,而且不僅僅是為我自己。我感覺擴張必須冒的險比我花費的金錢或能量更有價值。你的目標必須比風險更有價值,要不然你就訂錯了目標。

所以,我持續投入,和恐懼打交道,對目標執迷,持續在其他方面提高行動。我無法控制公關、電視、網路或出版公司,所以我轉而去做我能掌控的。只要能傳達我的訊息,我就去做,最後我們終於開始看到成果。

我們開始接到廣播節目的電話邀約,甚至某些電視訪談。有天早上,我接到CNN Radio的電話,邀請我談論房利美(Fannie Mae)完蛋的主題,我欣然接受。隔天早上,他們要我凌晨3:30到電臺,談論信用違約喪失抵押品贖回權的議題,我說「好的,沒問題,任君差遣!」我還記得公關人員打了通電話來問我「你能不能談談勒布朗‧詹姆斯(LeBron Jame)的合約還有它對職籃的影響?」我說好,並且立即前往NBC攝影棚。在抵達前十分鐘,我接到一通電話通知,「主題改了。不要談勒布朗,你要談的是李維‧江斯頓(Levi Johnston)和莎拉‧裴

琳（Sarah Palin）之間的關係。」我完全不知道江斯頓是誰，但我還是接受訪問。對我來說，主題一點也不重要，我只是想讓這些媒體來源知道，他們可以仰仗我出現並且交付成果。我提醒自己，我的目標不是到CNBC去訪談或談論江斯頓，而是得到全世界的關注。於是人們一想到銷售，就會開始想到我。雖然這幾次露臉都沒能讓我賺錢，但更重要的是讓我有了能見度。

接下來我們大舉利用社群媒體的力量。我們非常用力推播，以致我的客戶、朋友，甚至員工開始抱怨我發出太多電子郵件、太多貼文。與其撤退，我發出更多的電子郵件和貼文，直到抱怨轉變成欣賞。我在公關方面從乏人問津，搖身一變成工作滿檔（這是我的大量行動造成的新問題之一）。

在電視節目方面我一樣持續努力。我試著跟舞臺經紀人、經理、大型仲介，小經紀商會面，但他們都不願意見我。我跟好萊塢某些對電視頻道有經驗的朋友聊，他們曾經試了好多年想推出真人實境秀卻不成功。但就算我往這個新的領域冒險，我依舊持續對我能掌控的事情添柴加火：演講邀約、拜訪客戶、電子郵件、社群媒體、文章撰寫，和我主要的業務活動。每當我覺得失望或停滯不前，我會再回去寫下我的目標。這麼做迫使我專注在我的終點，而不是中途的困難。我總是將「成

功者把他們的眼光放在他們的目標,而不是難題上」銘記在心。

然後呢,有一天我接到紐約某個集團旗下一家選角經紀公司打來的電話,他們通知我「我們在YouTube無意中看到你的一段視頻,覺得你很適合某個電視節目。我們一直在找像你這樣的人,但是一直沒找到合適的。」我的回應?「我就是那個合適的人!你們怎麼這麼久才找到我?」然後我拿到負責這個計畫者的聯絡方式,致電給他,告訴他那個週末我剛好要到紐約,立刻對那個計畫許下承諾(附帶一提,在打那通電話之前,我並沒有先計劃好紐約之行。不過,我的確考量過跟某個人談談電視節目。事情的進展很有趣,是吧?)節目製作人告訴我,他很樂意跟我會面。我跟他說週末見,然後結束通話。

我立刻讓製作人了解我的意願,迫不及待讓事情往對的方向走,願意在對「所有資訊」尚未全盤了解的時候就許下承諾。記住:成功者先承諾,再去想辦法。某些人或許會說我這麼做太草率,看到一個機會就跳進去,馬上說我一星期內可以到紐約。但行程表是根據我的意願支配,看我想在什麼時間做什麼安排。因為我是全然投入,把成功當作是我的職責,我決定「紐約之行」將出現在我的行程表上。我不需要一個個人助

理或電腦來幫我做這件事。盡你所能安排這件事，也給在另一端的那個人所有可能的機會踏出下一步。別把時間、猶豫不決和懷疑加進你的方程式。你得讓生命中的每一個人都遵循你的遊戲規則。不要哪天某件好事掉到你頭上，你還得花時間好跟其他人或行事曆確定時間。這樣只會拖累你的動能。隨時準備好成功，一旦機會來臨時你才能抓住它！

跟那位製作人講完電話之後我打給助理，請她幫我安排紐約之行。她告訴我，同個時間已經有另外一個推不掉的邀約。新的問題：讚吧！所以我立刻拿起電話（「立刻做」的策略），用這個問題來跟新的機會建立更多連結（取得客戶vs.客戶滿意度）。我打電話到紐約，告訴他們我沒辦法如期成行，並且提議另一個時間。有趣的是，新的時間事實上對他們也比較方便。我甘冒風險飛到紐約，不知道自己要做什麼（那又怎樣）。我抵達時發現，那家公司老闆還在另一個會議當中難以脫身。我說服我的聯繫人，請老闆給我十分鐘面對面談談（超乎常理）。我拜託他的警衛，「老兄，我在機場安檢排隊等待的時間，都比我要求的十分鐘還長。我只需要十分鐘解釋我對這個節目的想法。」那個老闆不情願地擠出時間給我，五分鐘之內，我可以看到他完全被我的想法折服。然後他給了我一個

小時，我很確定他會為我爭取。在我將要離開的時候，他對我說，「任何有這麼堅定信念和清晰頭腦的人，都讓我甘拜下風」這個集團接著決定開始拿這個點子對電視網提案。

不久之後，我接到另一通電話，是洛杉磯本地某個集團，他們與電視真人實境秀製作人馬克‧博涅特（Mark Burnett）搭上線。他們要求我到瓊安‧芮佛斯（Joan Rivers）的節目《致富有道》（How Did You Get so Rich?）當來賓，（其實我覺得有點荒謬，因為我從來不認為自己很有錢）當然，我答應參加。就在瓊安‧芮佛斯那組人準備拍攝那一集之前，紐約那邊為了在電視網節目播放的內容，派了一組人跟我面談。訪談結束時，我致電給紐約的新夥伴，告訴他我的看法：「訪談滿順利的，但節目這麼做不會紅。我得跟攝影棚的老大碰個面，讓我自己來做節目；或者，我們必須拍攝我真正到某家公司，並提升他們銷售的實境，讓鏡頭拍攝下來。」我收到的回覆是，除非他們已經確定電視網有某種程度的興趣，「通常不會這麼拍攝」。不過，我繼續解釋那個訪談太柔性，我真的必須製作一個短的視頻給電視網的人看，這不會是一個關於我的節目。它會是一個讓每個人都有興趣觀賞的節目，表現給人們看該怎麼在任何事業、任何城市創造成功，而且在百年難得一見的最壞

經濟之下。

　　為了持續添柴加火，我不斷把新的資訊寄給這兩組人。有一次我剛好在拉斯維加斯（Las Vegas）參加一個會議（維持我的主要業務），我注意到一個攝影小組正在拍攝。我告訴那組人我打算在這個電視節目上做什麼，而且我想寄一個三分鐘的片段給我紐約的夥伴。我請他們錄製一段會吸引他們注意的即興視頻。我告訴他們，要是這麼做有成效，他們會知道他們幫我把一個電視節目的點子變成事實。他們竟然同意。

　　接下來我錄製一段三分鐘的視頻，我把它叫作「你無法面對事實」（You Can't Handle the Truth），YouTube上找得到。這個攝影小組很好心地剪輯了一份副本讓我寄給那兩組人，他們都愛極了。這件事讓他們去思考關於我和如何讓我的目標再前進一步。這個視頻甚至讓紐約那組人拓展了他們計畫提案的電視網。

　　我對向前邁進的承諾也開始激起了他們的承諾和熱忱。我為我的火堆添加柴薪，而且肯定超越一般大眾所以為的常態。就讓你知道一下，當時大部分時間我不知道自己在做什麼（透過行動展現勇氣）。我唯一知道的是，我在用行動來完成一個更大的目標。我很害怕，操心我投資的金錢，無時無刻不在擔

心被拒絕；但是我知道自己製造了一些新的問題，這表示我做了某些正確的事。

下一個重大事件是，瓊安‧芮佛斯跑到我家來拍攝她的節目。當然，我跟她分享了我對做節目的想法，而她把節目製作人的名字給了我。我採取直接向上聯繫這種方法，不是旁敲側擊或其他方法。我致電洛杉磯這組人，要求見面提案我的想法，以防紐約那些人無法有始有終。記住：無論其他人在做什麼，絕對不要停止加柴火和採取行動。

洛杉磯這個團隊喜歡這個點子。製作人在瓊安‧芮佛斯的節目中已經看過我，這也沒什麼壞處。到了這個時候，我已經從僅有的一個想法，有限的支持，到兩家公司願意考慮我做節目的可能性。我到派拉蒙（Paramount）的時候充滿了自我懷疑，而且一直想著，「這些人見我只是因為他們覺得有點義務這麼做。所以，別以為你可以信心滿滿，每一步都安全無虞。」事實上在我前往派拉蒙的中途幾乎想要取消這次會面，想著這只不過是浪費時間。這時候我的責任感跑出來；沒錯，我當時害怕了，也不確定自己在做什麼，但我還是硬著頭皮做下去。我得記住，情緒被看得太重了，而那些妖怪的任務就是要打擊我。再說一次，注意我在這邊演繹的所有那些成功的策

略，因為它們引導我的決定，也應該這麼引導你。

跟那群人見面的時候，我很詫異地發現，他們已經花時間找出他們想做的版本。先前關於他們可能沒興趣的那些擔憂，就好像大部分的恐懼，完全沒出現。當這兩組人對我做研究調查時，兩邊都說，「好像到哪裡都看到你」（無所不在）。

這個時候，雖然我真的很想在屋頂上大叫，我知道我不能太得意忘形或鬆懈下來慶祝。打鐵趁熱，我必須持續採取更多行動和更多責任感。與其等待兩家公司之一給我一個定案，我開始打電話給零售商，看看是否能找到對上我的節目有興趣的公司（附帶一提，這時我還沒有節目可做）。雖然這通常是製作公司的任務，但是(1)它還沒有定案，也沒有公司做這個；(2)我痛恨等待；(3)我希望事情被帶到一個沒人能中途退出的階段。我是不是太過積極，表現得讓社會大眾比較難接受，並且打破一般公認的規則？這麼做會得罪誰嗎？當然會！你看，要是這兩組人中有人拒絕我，我所做的任何事對他們來說就一點意義也沒有！

有趣的是，當我打電話給這些公司，讓他們知道有這個節目後，人們不光是有興趣上節目，他們也開始詢問我在做節目之前能怎麼協助他們。光憑著為這個節目打出電話，我們就找

到了好幾個新客戶。然後我通知紐約那組人，我找到一些公司想要參與節目。製作人告訴我「慢點，」而我的答覆是，「我可以答應你我會慢下來，但事實上我不會這麼做。」這通電話之後的結論是，紐約組同意拍攝一段關於這個節目的搞笑片段。我們都同意哈雷重機經銷商會有很好的效果，並且是很棒的故事。打了幾十通電話之後，找到有家公司願意這麼做，但我仍然沒拿到紐約組的承諾。到了我告訴他們已經找到理想的拍攝地點且準備好隨時拍攝時，他們沒辦法拒絕我。他們同意送一個小組來拍攝兩天（要知道，一旦你不停逼迫他們向前，總會有成果）。

我發現自己完全沒有錄製電視節目的經驗，沒有腳本、沒有註解、沒事先準備，也完全不知道我們到底該做什麼，但我正在往全球最大的哈雷分店途中，準備錄影兩天（先承諾，稍後再想怎麼做）。我和一群從未共事過的人一起工作，坦白說，我怕得要死。我唯一確定的一件事就是，我能走進任何公司並且增加他們的銷售額。我一直記住一件事：恐懼是你往正確的路的一種指標。

為了讓自己放輕鬆，我把注意力放在未來，並提醒自己我有什麼目標。在路途中，我一遍遍提醒自己我能應付自己的恐

懼，而且正打算這麼做。否則，人們永遠沒機會知道我和我幫助其他人的能力。記住：默默無聞才會是你唯一真正的問題。

我一直幫自己打氣：「要出現，全押，相信創意會跟著承諾而來。」看看我在這邊運用到的一些成功特質：抱持「辦得到」的心態；相信自己會成功；出現；先承諾，稍後再想做法；現在就做，而不是等一下做；全押，有勇氣；面對你的恐懼；全神貫注在目標上；願意承受不自在。就算我失敗，我也知道我的心思和行動放在正確的位置。我或許會對自己的表現感到遺憾，但至少我不會因為沒接受拍攝而後悔！

我們開始拍攝「搞笑片段」。拍了三小時後，製作人說「葛蘭特，我們需要某些能夠展現你做什麼的事物，不需要文字，不用解釋。我們必須看看你教導後真的有效果。」我看著攝影師說，「把機器打開跟著我走。」然後我接管了哈雷展示間的整層樓，從一位顧客到另一位，讓他們參與。有客戶上下重機。我幫他們擺姿勢，拍照，發送照片給他們家裡的另一半並附上文字訊息，好比「我正要賣一部機車給你老公。」很好玩，輕鬆，用一種難以置信的力度跟客戶互動，處理他們的反對、抵抗和問題，一切都由攝影機錄下來。

第一天結束之後，製作人看著我問道，「你這套可以用在

任何地方,隨便哪個客戶身上?」我相信現在你肯定知道我會怎麼回答,但要是你還搞不清楚,我再重複一遍:「老兄,我可以在任何地方、任何公司,做無數次給任何人看,在任何經濟情況下銷售任何東西!」他說,「我相信你,而且在我看到你剛剛做的這些之前就相信你了。現在美國人必須要看這個電視節目。」

我要求他幫我一個忙:「要是約到電視網的那些人開會,請讓我向他們提案。」我知道我比任何人都更能做好這個節目。他同意了,回到紐約,開始剪輯影片。過了一週他打電話給我,說他對這個節目感到興奮,但因為是夏季,他對電視網的介紹必須延遲。他解釋,大概還需要四週才能說服他們開始動起來,但他跟我保證,每個人都會很愛這節目。

過了大約三個星期左右,我還是沒得到他的消息,於是我開始打電話追他。我知道如果我不堅持,這個計畫根本動不起來。當我們在談話時,他確認他還是「全押」。我提醒他別忘記答應過讓我去說服那些高層。一週後他回了電話,一大早,清晨6:45,告訴我下列這段話「葛蘭特,我有壞消息給你。電視網不要你來對這個節目提案,事實上,他們想立刻開始拍攝。」

首先跑進我腦海的是，有個傢伙告訴過我，「每三百次提案才會有一個電視節目雀屏中選」。第二件想到的事，有人告訴過我，關於銷售的節目沒人愛看（著眼未來、用超乎常理的態度對它、持續添加柴火、別太在乎其他人說的那些已經做過的，可以做的，或可能做的！）人們常常陷入他們自身的負面思考和失去的東西，使他們放棄創造自己想要的未來。其他人覺得他們有必要對他人的冒險加以評論，如此一來才能合理化他們自己放棄的行為。千萬別去理會那些所謂的不可能，反之，把焦點放在你能做什麼，好使不可能變得可能。我沒聽那些老是潑冷水的人的話是對的吧？

在我寫這段話的時候，這個節目還尚未拍攝，但每件事都已經就緒了，而且我們期望在隔年推出。我希望這個節目能給觀眾一個方向，看看普通人需要什麼才能在任何經濟、任何地方，和任何時間創造成功。市場成長減緩、財務問題、挑戰，和恐懼，並不像一個人能夠夢想遠大和以十倍勝等級行動的能力那麼大！沒有任何一種經濟情況，不管糟到什麼程度，在足夠的行動之下還能不為所動。

我分享的這個故事是要告訴你，為了達到擴張佈點的目標，我是如何採用本書討論過的許多觀念。我跟你沒兩樣，並

未特別有天分或更有把握，我只是運用十倍勝思維和採取十倍勝行動。這不只是一本書而已，它告訴你當下該做什麼來達成目標。世人已經不再讚揚只靠一張嘴的人。你和我該做的不僅是坐而言，而是起而行。它應該能幫助你了解十倍勝對任何人來說都可行。

我講這個故事不是為了讓你知道我的事，它是為了指引你該做什麼。你不知道生命中有多少人曾經嘲笑過、批評過，或者挑起眉毛質疑我的所作所為。你不知道我曾經打出去過幾十萬通電話毫無回應，發出成千上萬封電子郵件卻如石沉大海。你想不到有多少人雖然本身支持我，也暗示我可能衝過頭所以有風險。我花了三十年時間準備與研究、犯錯，和採取行動，這一切都讓我培養出並不是一直在我身上的某種程度之紀律。

「訓練」和「學習」對你把工作落實、勇氣的發展、堅持不懈、超乎常理的思考，特別是紀律，絕對非常重要。我總是提醒自己，談到夢想和目標的時候，沒有什麼所謂的合理或不合理；可能或不可能。我想你會同意，要是你仍然用平庸的思維和行動過生活，任何超乎尋常的事對你來說都不可能做到。

遠大的思維、大量行動、擴展、承擔風險對你的生存和未來成長來說都是必要的。規模小又沒什麼作為只會讓你持續

做不大，且默默無聞。要是你一直不這麼做，過不了多久，將沒人會看得到你，聽到你，或知道你曾經存在過。投入十倍勝思維和十倍勝行動，這是成功和不成功最主要的差異。跟聰明才智、財務，或甚至你認識誰都沒什麼關係，若是沒有大量行動，這些都無關緊要。

我還有很多自己的長程目標和計畫要完成。我的節目還沒開始，六十億人尚未全都認識我，還有無數的其他事情等待我完成，而且有很多我還沒能想到！不過我知道我的方向是對的。我還知道，也再一次希望你知道，我並不是在說自己比別人特別，或有什麼別人沒有的特質，我只是運用十倍勝思維和十倍勝行動罷了。

讓你的火堆發光發熱，令其他人不得不圍繞著它、崇拜它。你永遠不可能什麼都懂，你的時機永遠不會最完美，總會有阻礙和困難擋在前方。不過，你一定能信賴一件事：不斷採取大量行動，堅定不移，用更多第四等級行動去後續追蹤，這是保證你獲得成功的不二法門。採取行動的時候要全押。讓世上其他人去用前三種行動等級行事，看著他們把生命耗費在搶食你的殘羹剩飯。

放眼四周，你會看到世上充斥平庸的人們，普通的思維，

和充其量普通的行動。再看仔細一點，你會看到這些接受平庸的人，他們已經放棄了自己的夢想，不再以動態的目標去生活，而是願意妥協於他們所臆測的「平庸」。一旦你選定了你想效法的對象，去找出例外——那些因他們面對生活的方式而脫穎而出的人。別去操心他們有多特別或跟你多麼不同。把焦點放在他們的思考和行動方式上，還有你該如何複製他們。成功不是一種可有可無的選項，用正確等級的思考和行動去行事是你的職責。完成你想讓足跡遍佈這個地球的責任，當你的任務完成，人們會記得你用不亞於最大的夢想和非凡的行動去面對人生。記住：成功是你的職責、義務與責任。藉由十倍勝等級的思維和採取十倍勝行動，我確定你會創造比你曾懷抱的夢想更巨大的成功！

久石文化事業有限公司
讀者回函卡

Better Living Through Reading

親愛的讀者，謝謝您購買這本書！這一張回函是專為您、作者及本社搭建的橋樑，我們將參考您的意見，出版更多的好書，並提供您相關的書訊、活動以及優惠特價。請您把此回函傳真（02-25374409）或郵寄給我們，謝謝！

您的個人基本資料

姓　名：＿＿＿＿＿＿＿＿　性　別：＿＿＿＿　出生日期：＿＿＿＿＿年＿＿月
地　址：＿＿＿＿＿＿＿＿＿＿＿＿＿＿＿＿＿＿＿＿＿＿＿＿＿＿＿＿
E-mail：＿＿＿＿＿＿＿＿＿＿＿＿＿＿＿　電話：＿＿＿＿＿＿＿＿
學　歷：□高中以下　□高中　□專科與大學　□研究所以上
職　業：□1.學生　□2.公教人員　□3.服務業　□4.製造業　□5.大眾傳播
　　　　□6.金融業　□7.資訊業　□8.自由業　□9.退休人士　□10.其他

您對本書的評價

您購買的書的書名：**選擇不做普通人**　　　書號：L040
得知本書方法：□書店　□電子媒體　□報紙雜誌　□廣播節目　□DM
　　　　　　　□新聞廣告　□他人推薦　　□其他＿＿＿＿＿＿＿
購買本書方式：□連鎖書店　□一般書店　□網路購書　□郵局劃撥
　　　　　　　□其他＿＿＿＿＿＿＿
內　　容：□很不錯　□滿意　□還好　□有待改進
版面編排：□很不錯　□滿意　□還好　□有待改進
封面設計：□很不錯　□滿意　□還好　□有待改進
本書價格：□偏低　　□合理　□偏高
對本書的綜合建議：＿＿＿＿＿＿＿＿＿＿＿＿＿＿＿＿＿＿＿＿＿＿
＿＿＿＿＿＿＿＿＿＿＿＿＿＿＿＿＿＿＿＿＿＿＿＿＿＿＿＿＿＿＿

您喜歡閱讀那一類型的書籍（可複選）
□商業理財　□文學小說　□自我勵志　□人文藝術　□科普漫遊
□學習新知　□心靈養生　□生活風格　□親子共享　□其他
您要給本社的建議：＿＿＿＿＿＿＿＿＿＿＿＿＿＿＿＿＿＿＿＿＿＿
＿＿＿＿＿＿＿＿＿＿＿＿＿＿＿＿＿＿＿＿＿＿＿＿＿＿＿＿＿＿＿

請沿虛線裁下裝訂寄回，謝謝。

久石文化事業有限公司　收
104　臺北市南京東路一段25號十樓之四
電話：02-25372498

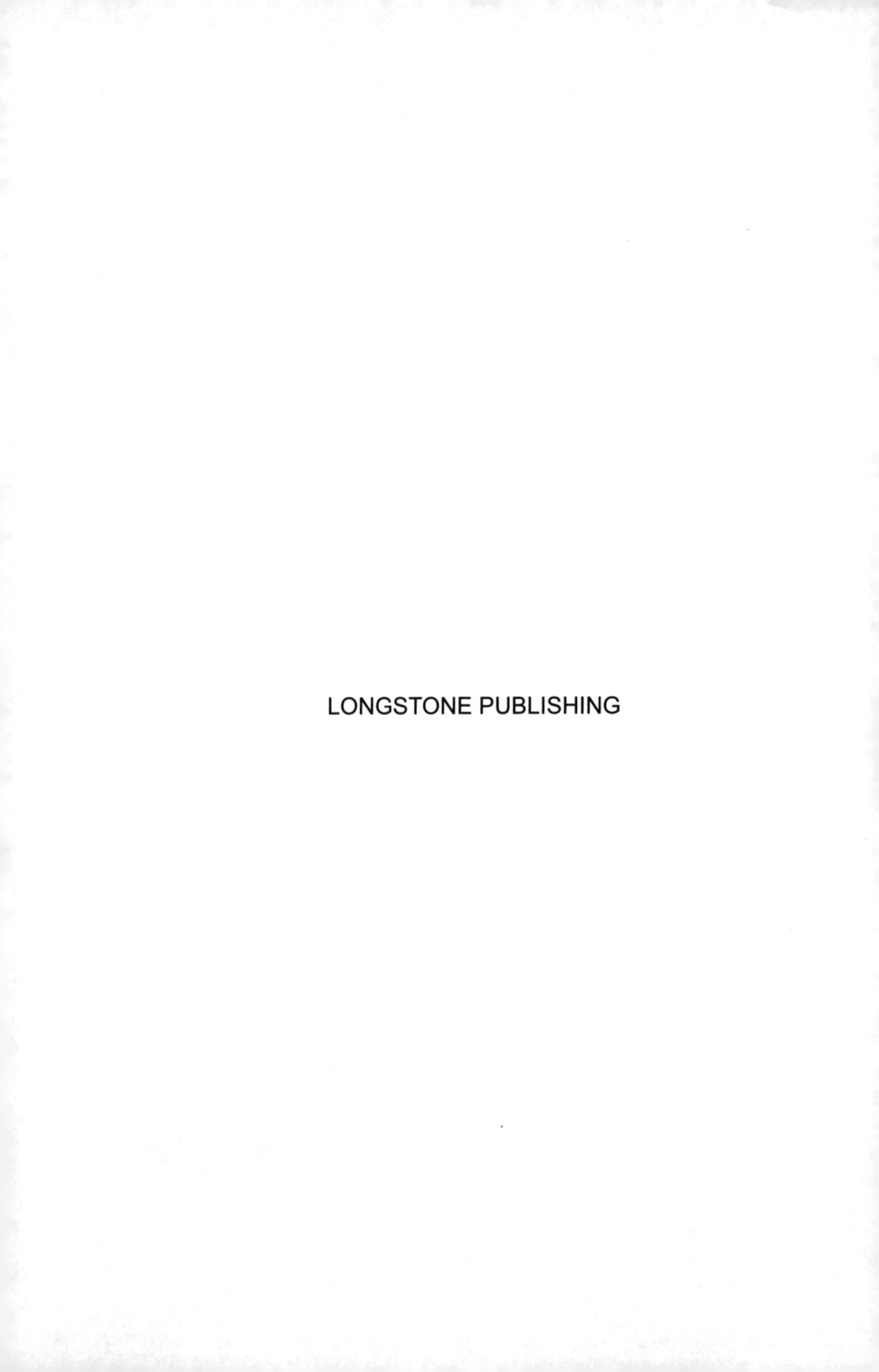

LONGSTONE PUBLISHING